Swiftによる iPhoneプログラミング入門
スウィフト

Basic Component
- Label
- Button
- Text Field
- Switch
- Slider

View
- Activity Indicator View
- Progress View
- Picker View
- Text View
- File

Control
- Segmented Control
- Stepper
- Date Picker

Image View
- Image View
- Scroll View

はじめに

　「iPhone」のアプリケーション開発ツールは、「Xcode」です。

　Apple は、「iPhone 6」の発売に伴って、「Xcode」の開発言語を、これまでの「Objective-C」から、新言語「Swift」に切り替えました。

　これは開発者にとって、"事件"です。

　もちろん、旧型の言語、「Objective-C」を使い続けることは可能です。

　しかし、新しい言語が、古い言語に比べて機能が劣るわけはありません。ですから、ここで乗り換えなければ、競争に勝てないことは明らかです。

*

　書店には、「iPhone」のアプリケーション開発に関する本が、山のように積んであります。

　いずれの本においても、メインテーマは「Swift の言語解説」です。

　読者から見ると、本を買うたびに、「Swift の言語解説」にぶつかることになります。これは資源の無駄です。

*

　本書は、プログラミングに関する書籍の定石に従っていません。

　「Swift の言語解説」は、一切、行ないません。「Swift」を勉強したい人は、別の本を買ってください。

　本書では、「iPhone のアプリケーションの作成」から、即、スタートします。

　まず、「コントロール」のプログラミングについて、事例を用いて、解説します。

　続いて、「ビュー」を使って、プログラムを作ります。

　「ビュー」のなかで、とくに、「画像の扱い」について、詳細に説明します。

　このように、「iPhone アプリケーション開発」に、直接、取り組むアプローチになっています。ぜひ、マスターしてください。

大川　善邦

Swiftによる iPhone プログラミング入門

CONTENTS

はじめに ……………………………………………………………………………… 3

サンプルプログラムのダウンロードについて ………………………………………… 6

第1章 「開発システム」の準備

[1-1] Mac mini ……………………… 7

[1-2] Xcode ………………………… 7

[1-3] プロジェクトの作成 ………… 8

[1-4] ハードウェアの選択 ………… 11

[1-5] Xcode の画面構成 ………… 12

[1-6] プロジェクトのビルド ……… 16

[1-7] デバッグ・エリア …………… 17

[1-8] プログラムのデバッグ ……… 18

第1部 基本コンポーネント

第2章 ラベル Label

[2-1] プロジェクトの作成 ………… 24

[2-2] テキストの変更 ……………… 27

[2-3] アトリビュート ……………… 31

第3章 ボタン Button

[3-1] プロジェクトの作成 ………… 36

[3-2] アトリビュート ……………… 36

[3-3] メッセージの処理 …………… 39

[3-4] タッチダウン ………………… 42

[3-5] Label テキストの変更 ……… 45

第4章 テキスト・フィールド Text Field

[4-1] プロジェクトの作成 ………… 49

[4-2] テキストの書き込み ………… 51

[4-3] 数値の計算 …………………… 55

第5章 スイッチ Switch

[5-1] プロジェクトの作成 ………… 62

第6章 スライダー Slider

[6-1] プロジェクトの作成 ………… 68

[6-2] プロパティ …………………… 72

[6-3] 色の合成 ……………………… 73

第2部 コントロール

第7章 セグメンテッド・コントロール Segmented Control

[7-1] プロジェクトの作成 ………… 82

[7-2] スタイル ……………………… 83

[7-3] アウトレット ………………… 84

[7-4] デバッグ・プリント ………… 85

[7-5] 選 択 ………………………… 87

CONTENTS

第8章　ステッパ Stepper

[8-1] プロジェクトの作成 ……………… 93
[8-2] アトリビュート ……………………… 94
[8-3] 数値に関する実験 ……………… 98

第9章　デート・ピッカー Date Picker

[9-1] プロジェクトの作成 ……………… 99
[9-2] 表示のフォーマット …………… 100
[9-3] イベント …………………………… 103
[9-4] 時差の処理 ……………………… 107
[9-5] 「日付データ」の保存 ………… 108

第3部　ビュー

第10章　アクティビティ・インディケータ・ビュー Activity Indicator View

[10-1] プロジェクトの作成 …………… 114
[10-2] スタイル ………………………… 115
[10-3] 「回転動作」の「スタート」と「ストップ」
　………… 116

第11章　プログレス・ビュー Progress View

[11-1] プロジェクトの作成 …………… 118
[11-2] 「バーの長さ」の設定 ………… 120
[11-3] 「バーの長さ」の更新 ………… 121
[11-4] 「バー」の伸縮 ………………… 123

第12章　ピッカー・ビュー Picker View

[12-1] プロジェクトの作成 …………… 127
[12-2] 複数の「コンポーネント」……… 132

第13章　テキスト・ビュー Text View

[13-1] プロジェクトの作成 …………… 136
[13-2] 「サイズ」の調整 ……………… 137
[13-3] 「テキスト」の変更 …………… 138
[13-4] 編集の禁止 …………………… 142

第14章　ファイル File

[14-1] プロジェクトの作成 …………… 143
[14-2] 「存在しないファイル」へのアクセス … 149

第4部　画像処理ビュー

第15章　イメージ・ビュー Image View

[15-1] プロジェクトの作成 …………… 152
[15-2] Scale To Fill …………………… 157
[15-3] Aspect Fit ……………………… 158
[15-4] Aspect Fill ……………………… 159
[15-5] Redraw ………………………… 160
[15-6] 部分指定の転送 ……………… 161
[15-7] 倍率の影響 …………………… 164

第16章　スクロール・ビュー Scroll View

[16-1] プロジェクトの作成 …………… 167
[16-2] contentSize …………………… 173
[16-3] iPhone画面内の画像 ………… 179
[16-4] 窓型の「Scroll View」………… 186
[16-5] 複数画像の表示 ……………… 193

おわりに ………………………………… 203
参考文献 ………………………………… 204
索　引 …………………………………… 205

サンプルプログラムのダウンロードについて

本書のサンプルプログラムは、サポートページからダウンロードできます。

http://www.kohgakusha.co.jp/support.html

※ 対応するプログラムは本文中に [ ] で表示しています。

ダウンロードしたファイルを解凍するには、下記のパスワードが必要です。

KK4f3ZSGFEKx

すべて半角で、大文字小文字を間違えないように入力してください。

● Apple、iPhone、Macintosh、Swift、Xcode は、Apple Inc. の商標です。
● その他、各製品名は、一般に各社の登録商標または商標ですが、®およびTMは省略しています。

第1章

「開発システム」の準備

「iPhone プロジェクト」の「開発システム」を構成します。
「Hello World!」とプリントするプログラムを作ります。

1.1　Mac mini

「iPhone」のアプリケーションを作るために、「開発システム」を使います。
「開発システム」は、「Apple」のMacです。
本書では、開発マシンとして、「Mac mini」を使います。

画面1.1　Mac mini

「Mac mini」は、コンピュータの本体です。
　手持ちの「ディスプレイ」「キーボード」「マウス」…などを使って、システムを組みます。
　状況によっては、経済的にシステムを構築することが可能です。

1.2　Xcode

「プログラムの開発システム」は、「Xcode」です。

Appleの「Developerサイト」、

https://developer.apple.com/jp/xcode/downloads/

にアクセスし、「Xcode」をダウンロードして、インストールします。

　ダウンロードの費用は無料ですが、「Apple ID」は必要です。

第1章 「開発システム」の準備

1.3 プロジェクトの作成

[1] 「Xcode」を起動します。

[2] Macの「画面下部のファインダ」の左から2番目にある、「Launchpad」をクリックします。

画面 1.2 「Launchpad」をクリック

[3] 画面1.3に示すように、「Launchpad」の画面が開きます。

画面 1.3 「Launchpad」の画面

画面右下にある、「Xcode」のアイコンをクリックします。

[4] 画面1.4に示すように、ダイアログ、

Welcome to Xcode

が開きます。

画面 1.4 「Welcome to Xcode」ダイアログ

新規にプロジェクトを作るので、**画面 1.4** の左列、上から 2 番目の、

> Create a new Xcode project

をクリックします。

[5]「テンプレート」を選択するダイアログ、

> Choose a template for your new project

が開きます。

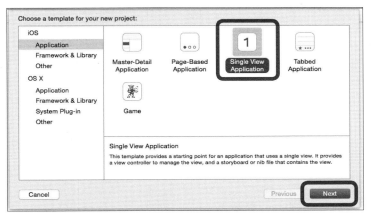

画面 1.5「Choose a template for your new project」ダイアログ

画面 1.5 において、

> Single View Application

をクリックして選択し、ダイアログの右下の「Next ボタン」をクリックします。

[6]「オプション」を入力するダイアログ、

> Choose options for your new project

が開きます。

画面 1.6「Choose options for your new project」ダイアログ

第1章 「開発システム」の準備

「Product Name」の「テキスト・フィールド」に、「プロジェクト」の「名前」、ここでは、

| helloSwift |

を書き込みます。

「使う言語」(Language) は、

| Swift |

「使う機器」(Device) は、

| iPhone |

を選択して、ダイアログ右下の「Nextボタン」をクリックします。

[7]　プログラムの格納場所を選択する「ダイアログ」が開きます。

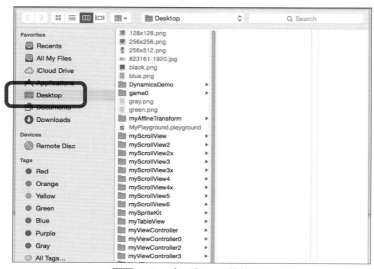

画面 1.7　プログラムの格納場所

画面 1.7 において、デフォルトの場所、

| Desktop |

を選択しています。

ダイアログ右下にある「Createボタン」をクリックします。

[8]　「Xcode」による「helloSwiftプロジェクト」の初期画面が開きます。

[1.4] ハードウェアの選択

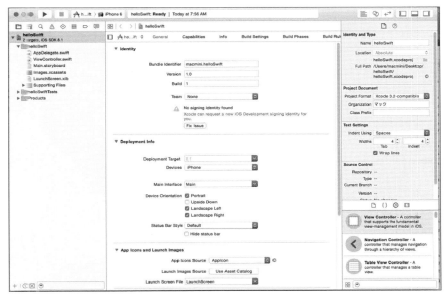

画面 1.8　プロジェクトの初期画面

1.4　ハードウェアの選択

「Xcode」を使う際には、最初に、使う機材、「iPhone」の「型式」を選択します。ここでは、**画面 1.9** に示すように、ターゲットは、「iPhone 6」としています。

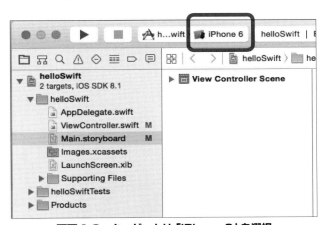

画面 1.9　ターゲットは「iPhone 6」を選択

＊

別の型式を使うのであれば、上記の枠内をクリックします。

すると、**画面 1.10** に示すように、選択肢がポップアップするので、使うハードウェアを選択します。

第 1 章　「開発システム」の準備

画面 1.10　使うハードウェアを選択

＊

以下、使う機材は、「iPhone 6」とします。

1.5　Xcode の画面構成

「Xcode」の初期画面、**画面 1.8** は、「3 パネル構成」です。

パネルは、左から、

- ・プロジェクト・ナビゲータ
- ・プロジェクト・エディタ
- ・ユーティリティ・エリア

です。

「プロジェクト・ナビゲータ」の最上部に、8 個の「アイコン」が並んでいます。

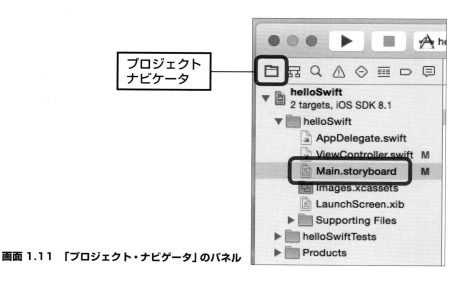

画面 1.11　「プロジェクト・ナビゲータ」のパネル

[1.5] Xcodeの画面構成

「初期画面」は、最左の「アイコン」である、「プロジェクト・ナビゲータ」を選択しています。

「プロジェクト・ナビゲータ」のパネルは、「プロジェクト」の「スケルトン」を、ツリー状に展開します。

■「Main.storyboard」の設定

「プロジェクト・ナビゲータ」において、

```
Main.storyboard
```

をクリックします。

画面1.12に示すように、「プロジェクト・エディタ」のパネルは、2つのパネル、

- スキーム
- ビュー・コントローラ

に変わります。

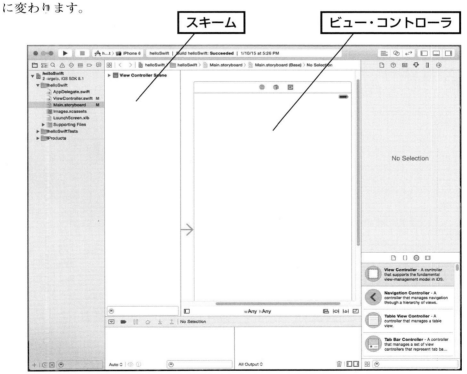

画面1.12　「プロジェクト・エディタ」のパネル

「スキーム」のパネルは、画面に配置するコンポーネントを、ツリー状に表示します。
　資料によっては、「スキーム」のパネルを、「ドキュメント・アウトライン」と呼ぶこともあります。

13

第1章 「開発システム」の準備

● 「View Controller」の展開

「スキーム」のパネルで、画面1.13に示すように、

```
View Controller Scheme
```

を展開して、さらに、

```
View Controller
```

を展開します。

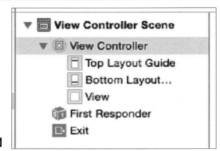

画面1.13 「スキーム」のパネルを展開

● 「画面サイズ」の設定

「Xcode」右端の「ユーティリティ・エリア」で、「アトリビュート・インスペクタ」を開き、「Simulated Metrics」パネルで、画面1.14に示すように、

```
Size → iPhone 4.7-inch
Orientation → Portrait
```

を選択します。

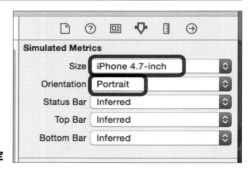

画面1.14 「Simulated Metrics」パネルの設定

「ビュー・コントローラ」の画面で、「画面サイズ」は、「iPhone」のサイズに変わります。

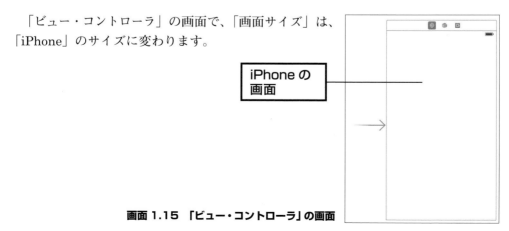

iPhoneの画面

画面1.15 「ビュー・コントローラ」の画面

14

[1.5] Xcodeの画面構成

＊

以下、「ビュー・コントローラ」の画面を、「**iPhoneの画面**」と呼びます。

■「ViewController.swift」の表示

「Xcode」の画面で、上右端を見ます。
画面 1.16 に示すように、

```
Show the Assistant editor
```

ボタンがあります。

画面 1.16　「Show the Assistant editor」ボタン

このボタンをクリックします。

画面 1.17 に示すように、「Xcode」画面の、第4列に、「アシスタント・エディタ」のパネルが開いて、「Xcode」は、「4パネル構成」から「5パネル構成」に変わります。

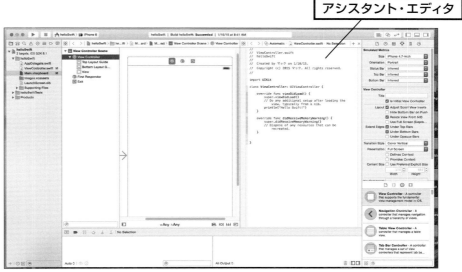

画面 1.17　「アシスタント・エディタ」のパネルが開く

「アシスタント・エディタ」のパネルには、ファイル、

```
ViewController.swift
```

を表示します。

＊

15

第1章 「開発システム」の準備

「Xcode」は「5パネル構成」に変りました。

(1) ナビゲータ
(2) スキーム (あるいは、ドキュメント・アウトライン)
(3) ビュー・コントローラ (iPhoneの画面)
(4) アシスタント・エディタ (プログラム)
(5) ユーティリティ・エリア

この構成が、プログラム開発における基本構成です。

1.6 プロジェクトのビルド

この時点において、「プロジェクト」を「ビルド」して「実行」します。

[1] 「Xcode」の画面左上の、

Build and then run current scheme

ボタンをクリックします。

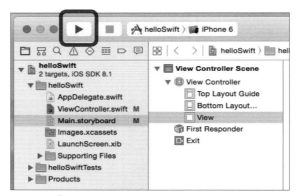

画面1.18 「Build and then run current scheme」ボタン

[2] しばらくすると、画面1.19に示すように、「iPhoneの画面」が開きます。

画面1.19 「iPhoneの画面」が開く

＊

プログラムの実行を、終了します。

[1] **画面 1.20**、左上の「停止 (Stop) ボタン」をクリックします。

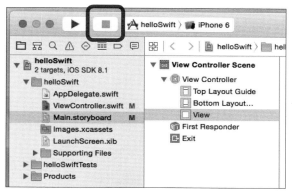

画面 1.20　左上の「停止 (Stop) ボタン」をクリック

[2] 「iPhone の画面」は閉じて、「Xcode」の画面に戻ります。

1.7　デバッグ・エリア

プログラムに、デバッグ用のセンテンス、

```
println("Hello Swift!")
```

を書き込んで、文字列を、「デバッグ・エリア」に、プリントします。

「アシスタント・エディタ」のパネル、「ViewController.swift」に、**画面 1.21** に示すように、センテンスを 1 行、書き込みます。

```
import UIKit

class ViewController: UIViewController {

    override func viewDidLoad() {
        super.viewDidLoad()
        // Do any additional setup after loading the view, typically from a nib.
        println("Hello Swift!")
    }

    override func didReceiveMemoryWarning() {
        super.didReceiveMemoryWarning()
        // Dispose of any resources that can be recreated.
    }

}
```

画面 1.21　「ViewController.swift」のプログラム　　　　　　　　　[helloSwift]

第 1 章 「開発システム」の準備

■ プログラム実行

「プロジェクト」を「ビルド」して「実行」します。

「iPhone の画面」は、前と同じです。
変わりません。

「Xcode」の画面において、**画面 1.22** に示すように、「アシスタント・エディタ」下部、

デバッグ・パネル

に、「Hello Swift!」とプリントしています。

```
Hello Swift!
```

画面 1.22　「アシスタント・エディタ」下部の「デバッグ・パネル」

1.8　プログラムのデバッグ

　プログラムを実行する際に、実行を中断して、「変数」などの内容を調べる場合があります。
　以下で、「プログラムの実行を中断する方法」を述べます。

＊

[1]　新規に、「プロジェクト」を作ります。
　「プロジェクトの名前」を、「helloSwift2」とします。

[2]　**画面 1.23** に示すように、プログラムを書き込みます。

```swift
import UIKit

class ViewController: UIViewController {

    let a = 2
    let b = 3
    override func viewDidLoad() {
        super.viewDidLoad()
        // Do any additional setup after loading the view, typically
            from a nib.
        println("a = \(a)")
        println("b = \(b)")
        println("a * b = \(a * b)")
    }

    override func didReceiveMemoryWarning() {
        super.didReceiveMemoryWarning()
        // Dispose of any resources that can be recreated.
    }

}
```

画面 1.23　「ViewController.swift」のプログラム　　　　　　[helloSwift2]

18

[1.8] プログラムのデバッグ

■ プログラム実行

「プロジェクト」を「ビルド」します。
「ビルド」は成功します。

「プログラム」を「実行」します。

＊

「iPhoneの画面」(**画面1.19**) が開きます。

「デバッグ・エリア」に、**画面1.24**に示すように、「文字列」をプリントします。

画面1.24 「デバッグ・エリア」の表示

プログラムの実行を中断します。

＊

プログラムに対して、「ブレイク・ポイント」を設定します。

「アシスタント・エディタ」のパネル、左の「枠」の部分を、マウスでクリックします。

画面1.25に示すように、「ブレイク・ポイント」を書き込みます。

画面1.25 「ブレイク・ポイント」の書き込み

第1章 「開発システム」の準備

■ プログラム実行

「プログラム」を「実行」します。

＊

プログラムは、**画面 1.26** に示すように、中断します。

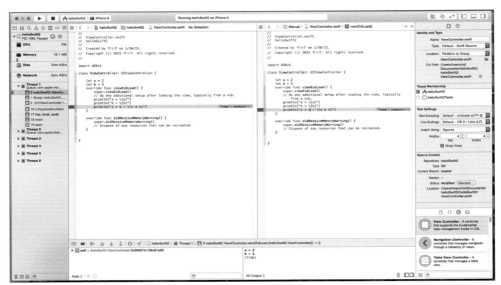

画面 1.26　プログラムの中断

「ナビゲータ」のパネルは、「デバッグ・ナビゲータ」に変わります。

「デバッグ・エリア」に、

```
    a = 2
    b = 3
```

とプリントしています。

画面 1.27 に示す記号、「Step into」をクリックします。

画面 1.27　記号「Step into」をクリック

プログラムは、「中断した場所」から、実行します。

結果を、**画面 1.24** に示したように、プリントします。

「Xcode」で「プロジェクト」を作り、ビルドしました。

「シミュレータ」を使ってプログラムを実行し、「iPhone の画面」を表示しました。

「デバッグ・エリアに、「文字列」をプリントするセンテンスを書き込んで、プログラムをビルドして、実行結果を確認しました。

*

「Xcode の機能」のすべてを記述するのは不可能です。
以下、必要な場所で、必要な事項を説明します。

第1部
基本コンポーネント

> ここでは、アプリ画面で最もよく使われる部品である
> 「基本コンポーネント」の作り方を解説します。
> 　　　　　　　　　＊
> ■ ラベル Label
> ■ ボタン Button
> ■ テキスト・フィールド Text Field
> ■ スイッチ Switch
> ■ スライダー Slider

第2章

ラベル Label

「UIView」のコンポーネント、「Label」を使って、プログラムを作ります。

2.1　プロジェクトの作成

[1]　新規に、「プロジェクト」を作ります。
　「プロジェクトの名前」を、「myLabel」とします。

[2]　「iPhoneの画面」に、「Label」を置きます。

＊

　「Xcode画面」の右下部に、「オブジェクト・ライブラリ」が開いています。

※ 開いていない場合は、**画面2.1**に示すように、ボタン、

Object Library

をクリックして、開きます。

GLKit View Controller - A controller that manages a GLKit view.

Object - Provides a template for objects and controllers not directly available in Interface Builder.

Collection View Controller - A controller that manages a collection view.

AVKit Player View Controller - A view controller that manages an AVPlayer object.

Label - A variably sized amount of static text.

Button - Intercepts touch events and sends an action message to a target object when it's tapped.

Segmented Control - Displays multiple segments, each of which functions as a discrete button.

画面2.1　「Object Library」ボタンをクリック

　「オブジェクト・ライブラリ」は、使用可能な「ビュー」「コントロール」「コントローラ」などの「クラス」を、リストアップしています。

[2.1] プロジェクトの作成

＊

「オブジェクト・ライブラリ」に「登録ずみ」のクラス「Label」を使います。

[1] 画面をスクロールして「Label」を見つけ、「マウス」で捉えて、「iPhoneの画面」に「ドラッグ＆ドロップ」します。

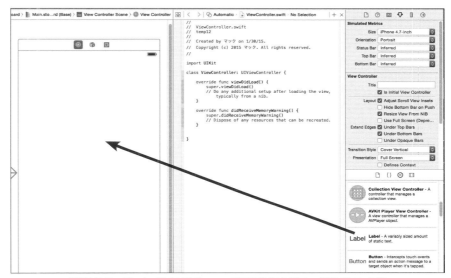

画面2.2 「Label」を「iPhoneの画面」に「ドラッグ＆ドロップ」

[2] 画面2.3に示すように、「iPhoneの画面」に「Label」を貼り付けました。

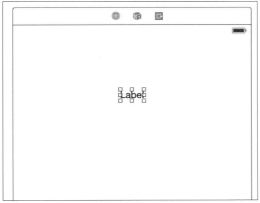

画面2.3 「Label」を貼り付け

[3] 「マウス」を使って、「ラベル」の「寸法」や「配置場所」を調整します。

25

ラベル Label

画面 2.4　ラベルを調整

[4]　「スキーム」のパネルにおいて、「View」をクリックして、「ノード」を開きます。

画面 2.5 に示すように、「Label」があります。

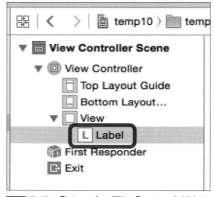

画面 2.5　「View」の下に「Label」がある

■ プログラム実行

ここで、「プロジェクト」を「ビルド」して「実行」します。

「ビルド実行ボタン」をクリックします。

しばらくすると、シミュレータがスタートして、画面 2.6 に示すように、「iPhone の画面」が開きます。

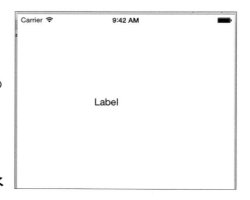

画面 2.6　「iPhone の画面」が開く

[2.2] テキストの変更

確かに、「iPhoneの画面」上に「Label」があります。これを確認しました。

＊

プログラムを、終了します。

2.2 テキストの変更

「Xcodeの画面」に戻ります。

「Labelの文字列」、すなわち、「テキスト」を変更します。

[1] 「iPhoneの画面」において、「Label」をクリックして、選択します。

[2] 「ユーティリティ・エリア」において、アイコン ⬇、をクリックします。

画面 2.7 に示すように、「アトリビュート・インスペクタ」が開きます。

画面 2.7 アトリビュート・インスペクタ

[3] 「Label」のパネルで、上から 2 行目の「テキスト・フィールド」に、文字列（ここでは、「Hello World!」）を書き込み、Enter キーを押します。

「iPhoneの画面」において、「Label」の文字列は、「Hello World!」に変わります。

画面 2.8 「Label」の文字列が「Hello World!」に変わる

第2章 ラベル Label

■ プログラム実行

「プロジェクト」を「ビルド」して「実行」します。

「iPhone の画面」において、「Label」の文字列は、「Label」から、「Hello World!」に変わります。

画面 2.9 「iPhone の画面」でラベルの文字列が変わっていることを確認

■ 文字列を「プログラム」で変更

「Label」の「文字列」を、プログラムから、変更します。

*

プログラムの立場から言えば、「ViewController」も「Label」も、「クラス」です。

「クラス」が「クラス」にアクセスするには、「規定の手続き」が必要です。

「ViewController」から「Label」にアクセスするために、「Label のアウトレット」(Outlet)、を作ります。

[1] 「ユーティリティ・エリア」の「パネル上部のアイコン」の「最右の ⊖ 」をクリックします。

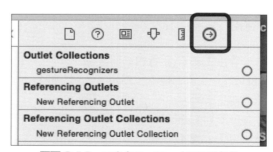

画面 2.10 コネクション・インスペクタ

「アトリビュート」のパネルに、「コネクション・インスペクタ」が開きます。
パネルに、「3個の○記号」があります。

[2] 「中央の○」、すなわち、

```
New Referencing Outlet
```

をマウスで捉えて、**画面 2.11** に示すように、「ViewController」クラスに「ドラッグ&ドロップ」します。

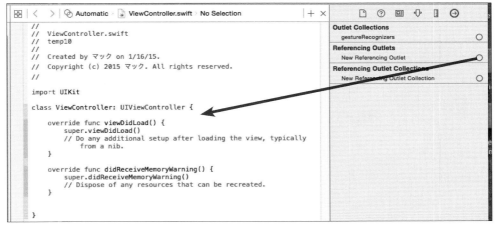

画面 2.11 「New Referencing Outlet」を「ViewController」クラスに「ドラッグ&ドロップ」

[3] 「Connection」メニューが開くので、「Name」の「テキスト・フィールド」に、「ラベルの名前」（ここでは、「myLabel」としている）を記入し、「メニュー右下」の「Connect」ボタンをクリックします。

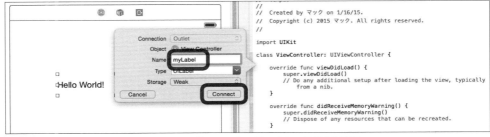

画面 2.12 「Name」に「ラベルの名前」を記入

[4] プログラムに、**画面 2.13** に示すように、「Label」の「アウトレット」、

```
@IBOutlet weak var myLabel: UILabel!
```

が、書き込まれます。

第2章 ラベル Label

画面 2.13 「Label」の「アウトレット」が追加される

　画面2.13の右にある「コネクション・インスペクタ」は、ラベル「myLabel」と「View Controller」の接続を、図形式を使って表示しています。

＊

[5] 「Label」の「アウトレット」を使って、プログラムを作ります。

　画面2.14に示すように、「myLabel」の「テキスト・プロパティ」に、センテンスを書き込みます。

```swift
import UIKit

class ViewController: UIViewController {

    @IBOutlet weak var myLabel: UILabel!
    override func viewDidLoad() {
        super.viewDidLoad()
        // Do any additional setup after loading the view, typically from a nib.
        myLabel.text = "Here I am."
    }

    override func didReceiveMemoryWarning() {
        super.didReceiveMemoryWarning()
        // Dispose of any resources that can be recreated.
    }

}
```

画面 2.14 「ViewController.swift」のプログラム　　　　　　　　　　　　　　[myLabel]

■ プログラム実行

　「プロジェクト」を「ビルド」して「実行」します。

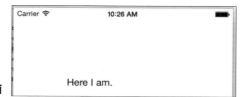

画面 2.15　実行画面

[2.3] アトリビュート

プログラムで「Label」の「文字列」を書き換えました。

2.3 アトリビュート

「Label」の「アトリビュート」を調べます。

[1] 「iPhoneの画面」において、「Label」をクリックして選択します。

[2] 「ユーティリティ・エリア」において、「アトリビュート・インスペクタ」を開きます。

「アトリビュート・インスペクタ」は、2パネル構成です。
「上段」のパネルは「Label」で、「下段」は「View」です。

上段 「Label」のパネルを**画面2.16**に示します。

画面2.16 上段、「Label」のパネル

■ 表示する文字列

第1行の「Text」をクリックして開きます。

画面2.17 「Text」を開く

※「Default」は「Plain」です。
これに対して、「Attributed」を選択することもできます。

第2行は、「Label」に表示する「文字列」（デフォルトは、「Label」）です。

31

第2章 ラベル Label

■ 文字列の色

第3行、「Color」は「文字列の色」を指定します。

デフォルトは「黒」です。

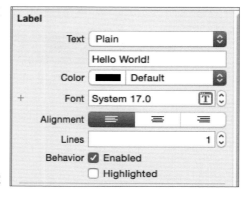

画面2.18 「Label」の設定

「文字列の色」を変えます。

[1] 「Color」の「テキスト・ボックス」右端のマークを、「マウス」でクリックします。
「色選択のパネル」がポップアップします。

「最上部」には、Defaultの「黒」、その下には、これまで使った色を表示します。

画面2.19 「色選択」パネル

[2] 「最下部」の「Other…」を選択すると、「詳しい色選択のダイアログ」が開きます。

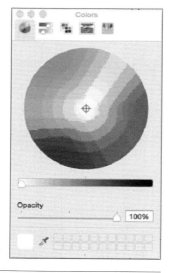

画面2.20 「詳しい色選択」ダイアログ

32

[2.3] アトリビュート

たとえば、「赤色」を選択すると、文字「Label」は、「赤色表示」、

になります。

実行時のテキスト色も、同じ「赤色」です。

■ 文字列の表示方法

「Alignment」は、「テキストを置く場所」を指定します。

デフォルトは、「左寄せ」です。

> ※「中央寄せ」や「右寄せ」に変更できます。

*

「Behavior」は、「Enabled」にチェックマークが付いています。

「Label」の場合は、問題にはなりませんが、「Button」の場合は、「クリック」の「有効／無効」を決めるアトリビュートです。

■ 背景色

「Label」の「背景色」を変える場合は、下段のパネル「View」を操作します。

画面 2.21 「View」パネル

たとえば、「上段」のパネル「Label」で、「文字列の色」に「白」を指定して、「下段」のパネル「View」で、**画面 2.22** に示すように、「背景色」に「赤」を指定したとします。

33

第2章 ラベル Label

画面 2.22 「Label」パネルと「View」パネルの指定例

「iPhone の画面」で、「Label」は、

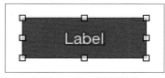

画面 2.23 指定結果

となります。

[2.3] アトリビュート

■ プログラム実行

実行時の画面は、

画面 2.24　実行画面

です。

＊

「アトリビュート」に関して、すべてが「パネル」に収めてあるとは限りません。
　しかし、「代表的なアトリビュート」は「パネル」に収めてあるので、マウスを使って、設定や変更ができます。
　「パネル」に収めていない「アトリビュート」は、プログラムを使って設定することになります。

第3章

ボタン Button

「UIControl」のコンポーネント、「Button」を使って、プログラムを作ります。

3.1　プロジェクトの作成

[1]　「Xcode」を開きます。

[2]　新規に、「プロジェクト」を作ります。
「プロジェクトの名前」は、「myButton」とします。

[3]　「オブジェクト・ライブラリ」から「Button」を捉えて、「iPhoneの画面」に「ドラッグ＆ドロップ」します。

画面3.1　「Button」を「ドラッグ＆ドロップ」

＊

「iPhoneの画面」に、「Button」を貼り付けました。

3.2　アトリビュート

[1]　「Xcode」の画面、「ユーティリティ・エリア」に、「アトリビュート・インスペクタ」を開きます。

> ※もし、開いていなければ、「アトリビュート・インスペクタ」のアイコンを、クリックします。

画面3.2　「アトリビュート・インスペクタ」のアイコンをクリック

[3.2] アトリビュート

「アトリビュート・インスペクタ」は、「Button」「Control」「View」の3パネルの構成です。

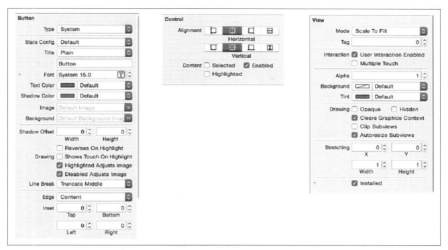

画面 3.3 「アトリビュート・インスペクタ」を構成するパネル

[2]　左の「Button」パネルで、画面 3.4 に示すように、

Button → Touch、
Text Color → 白色

に変更します。

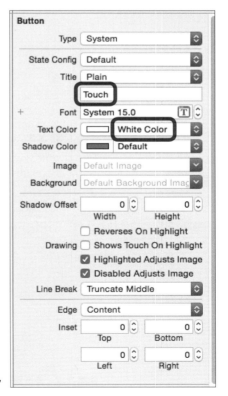

画面 3.4 「Button」パネル

第3章 ボタン Button

[3] 「Control」パネルで、

> Alignment(Horizontal) → 左寄せ

に変更します。

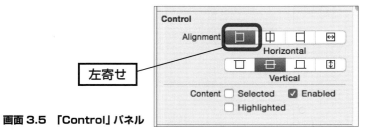

画面 3.5 「Control」パネル

[4] 「View」パネルで、

> 背景色 → 紫色

に変更します。

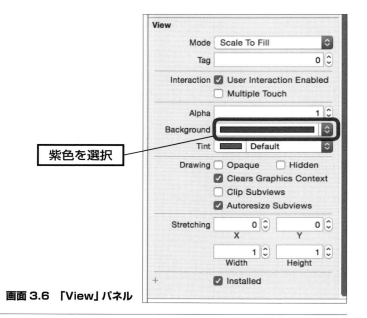

画面 3.6 「View」パネル

■ プログラム実行

「プログラム」を「ビルド」して「実行」します。
画面 3.7 に示すように、「iPhone の画面」に、「ボタン」を表示します。

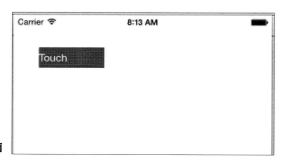

画面 3.7 実行画面

3.3 メッセージの処理

「Button」は、「ユーザーのアクション」に応じて、「メッセージ」を発行します。

「ViewController.swift」に、「Button」が発行するメッセージを捉えるプログラムを書き込みます。

「Button」は、「UIView」クラスの「コンポーネント」です。

「ViewController.swift」は、「UIViewController」を継承するクラスです。

「UIView」と「UIViewController」の間に、「親子関係」はありません。別系統のクラスです。

■「アウトレット」の追加

「異なるクラス」が発行するメッセージを捉えるために、プログラム「ViewController.swift」内に、「メッセージを捉えるための受け口」を作ります。
　この受け口を、「Outlet」(アウトレット)と呼びます。

[1]　「スキーム」の「パネル」において、「Button」を選択します。
　「ユーティリティ・エリア」において、「コネクション・インスペクタ」を開きます。

[2]　「コネクション・インスペクタ」で、「Referencing Outlets」の「New Referencing Outlet」右端の「○記号」をマウスで捉えて、**画面 3.8** に示すように、「ViewController.swift」に「ドラッグ&ドロップ」します。

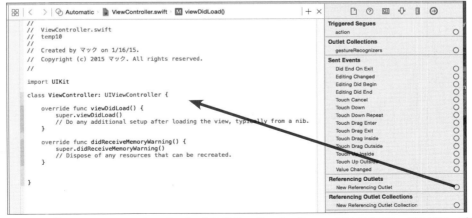

画面 3.8　「New Referencing Outlet」を「ViewController.swift」に「ドラッグ&ドロップ」

第3章 ボタン Button

[3] 画面3.9に示すように、「Connection」メニューが開くので、「Name」の「テキスト・フィールド」に、「ボタン」の「名前」(ここでは、「myButton」としている)を記入して、「Connect」ボタンをクリックします。

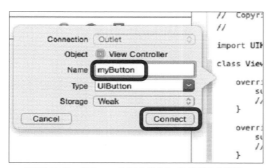

画面3.9 「Name」に「ボタンの名前」を記入

＊

画面3.10に示すように、「ViewController.swift」内に、「Button」の「アウトレット」を書き込みました。

```
import UIKit

class ViewController: UIViewController {

    @IBOutlet weak var myButton: UIButton!
    override func viewDidLoad() {
        super.viewDidLoad()
        // Do any additional setup after loading the view, typically from a nib.
    }

    override func didReceiveMemoryWarning() {
        super.didReceiveMemoryWarning()
        // Dispose of any resources that can be recreated.
    }

}
```

画面3.10 「Button」の「アウトレット」を追加した

■「アクション」の追加

続いて、「アクション」を記述する「関数」を作ります。

[1] 「コネクション・インスペクタ」(画面3.8)において、

```
Touch Down
```

の右端の「○記号」をマウスで捕えて、画面3.11に示すように、「ViewController.swift」に「ドラッグ&ドロップ」します。

[3.3] メッセージの処理

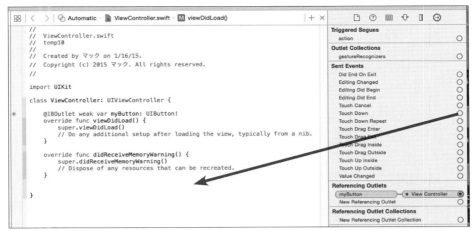

画面 3.11 「Touch Down」を「ViewController.swift」に「ドラッグ＆ドロップ」

[2] 画面 3.12 に示すように、「Connection」メニューが開くので、「Name」の「テキスト・フィールド」に、「関数名」（ここでは、「touchDown」としている）を記入して、右下の「Connect」ボタンをクリックします。

画面 3.12 「Name」に「関数名」を記入

注意

「Connection」メニューで、「Event」の「テキスト・フィールド」は、「Touch Down」になっています。これを確認します。

＊

プログラム内に、**画面 3.13** に示すように、関数「touchDown」が作られます

41

第3章 ボタン Button

```
import UIKit

class ViewController: UIViewController {

    @IBOutlet weak var myButton: UIButton!
    override func viewDidLoad() {
        super.viewDidLoad()
        // Do any additional setup after loading the view, typically
            from a nib.
    }

    override func didReceiveMemoryWarning() {
        super.didReceiveMemoryWarning()
        // Dispose of any resources that can be recreated.
    }

    @IBAction func touchDown(sender: UIButton) {
    }
}
```

画面 3.13　関数「touchDown」を追加した

3.4　タッチダウン

■「タッチダウン」したときの「アクション」

ユーザーが、「Button」にタッチしたときに、「ボタン」の「タイトル」を、

Touch → touchDown

に変更します。

画面3.14に示すように、プログラムを書き込みます。

```
import UIKit

class ViewController: UIViewController {

    @IBOutlet weak var myButton: UIButton!
    override func viewDidLoad() {
        super.viewDidLoad()
        // Do any additional setup after loading the view, typically
            from a nib.
    }

    override func didReceiveMemoryWarning() {
        super.didReceiveMemoryWarning()
        // Dispose of any resources that can be recreated.
    }

    @IBAction func touchDown(sender: UIButton) {
        myButton.setTitle("touchDown", forState: UIControlState.Normal)
    }
}
```

画面 3.14　追加するプログラム

「Button」のメソッド、「setTitle」を使っています。

[3.4] タッチダウン

■ プログラム実行

「プロジェクト」を「ビルド」します。
「ビルド」は成功します。

「プログラム」を「実行」します。

＊

「iPhone の画面」(**画面 3.7**) が開きます。

「Button」をマウスでクリックします。

画面 3.15 に示すように、「Button」の「タイトル」は、「touchDown」に変わります。

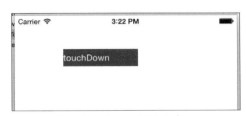

画面 3.15　タイトルの変更

＊

別の「アクション」を使います。

■「タッチアップ」したときの「アクション」

「Button」にタッチしたときに、「Button」の「タイトル」を「touchDown」と変え、タッチを終えたとき (すなわち、「タッチアップ」したとき) に、「タイトル」を「touchUp」と変えるプログラム、を作ります。

＊

「ViewController.swift」に、プログラムを追加します。

[1]　「コネクション・インスペクタ」を開いて、「Sent Events」セクションの「touch Up Inside」の「○記号」をマウスで捉えて、「ViewController.swift」に「ドラッグ＆ドロップ」します。

[2]　「Connection」メニューが開くので、「Name」の「テキスト・フィールド」に、**画面 3.16** に示すように、「touchUp」と記入して、「Connect」ボタンをクリックします。

第3章 ボタン Button

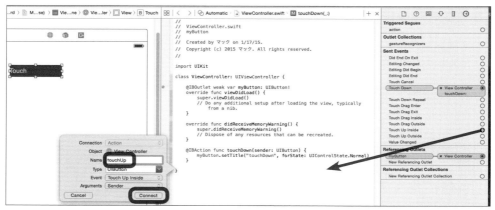

画面 3.16　「Name」に「touchUp」と記入

[3]　画面 3.17 に示すように、プログラムを書き込みます。

```
import UIKit

class ViewController: UIViewController {

    @IBOutlet weak var myButton: UIButton!
    override func viewDidLoad() {
        super.viewDidLoad()
        // Do any additional setup after loading the view, typically from a nib.
    }

    override func didReceiveMemoryWarning() {
        super.didReceiveMemoryWarning()
        // Dispose of any resources that can be recreated.
    }

    @IBAction func touchDown(sender: UIButton) {
        myButton.setTitle("touchDown", forState: UIControlState.Normal)
    }

    @IBAction func touchUp(sender: UIButton) {
        myButton.setTitle("touchUp", forState: UIControlState.Normal)
    }
}
```

画面 3.17　「ViewController.swift」のプログラム　　　　　　　　　　[myButton]

■ プログラム実行

「プロジェクト」を「ビルド」して、「実行」します。

＊

「iPhone」の「初期画面」が、開きます。

「Button」をプッシュします。

＊

画面 3.15 に示したように、「Button」の「タイトル」は、「touchDown」に変わります。タッチをリリースします。

＊

画面 3.18 に示すように、「Button」の「タイトル」は、「touchUp」に変わります。

44

[3.5] Label テキストの変更

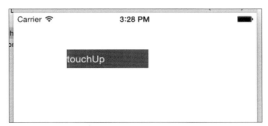

画面 3.18　実行画面

3.5　Label テキストの変更

「アクション」のターゲットとして、「Label」を追加します。

「Button」を「タップ」したときに、「Label」の「文字列」を書き換えるプログラムを作ります。

＊

[1]　新規に「プロジェクト」を作ります。
　「プロジェクトの名前」を、「myButton2」とします。

[2]　「myButton」と同じ操作を適用します。

■「Label」の追加

「iPhoneの画面」に、「Label」を追加します。

[1]　画面3.19に示すように、「オブジェクト・ライブラリ」から「Label」を「iPhoneの画面」に「ドラッグ＆ドロップ」します。

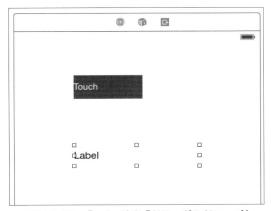

画面 3.19　「Label」を「ドラッグ＆ドロップ」

[2]　「Label」の「サイズ」は、マウスを使って、適当に調整します。

第3章 ボタン Button

■「アウトレット」の追加

「ViewController.swift」内に、「Label」の「アウトレット」を作ります。

[1] 「スキーム」で、「Label」をクリックして選択します。

[2] 「ユーティリティ・エリア」で、「コネクション・インスペクタ」を開きます。

[3] マウスを「New Referencing Outlet」の右の「○記号」上に置いて、「アシスタント・エディタ」内の「ViewController.swift」に「ドラッグ&ドロップ」します。

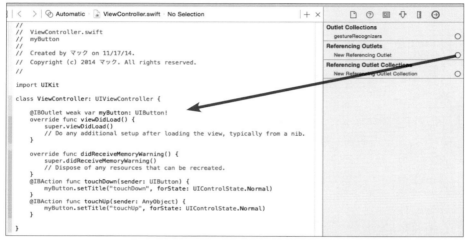

画面3.20 「New Referencing Outlet」を「ViewController.swift」に「ドラッグ&ドロップ」

[4] 「コネクション・メニュー」が開くので、「Name」の「テキスト・フィールド」に、「名前」(ここでは、「myLabel」としている)を書き込んで、「Connect」ボタンをクリックします。

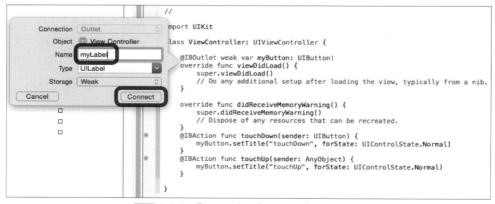

画面3.21 「Name」に「ラベルの名前」を記入

＊

画面3.22に示すように、プログラム内に、「Label」の「アウトレット」が作られます。

46

[3.5] Label テキストの変更

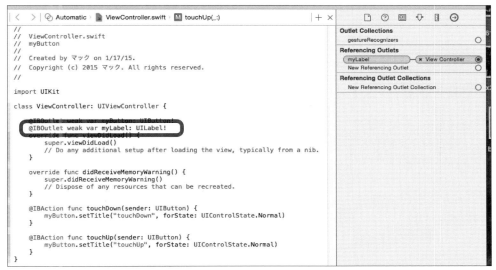

画面 3.22 「Label」の「アウトレット」が作られた

　「コネクション・インスペクタ」は、「myLabel」と、「ビュー・コントローラ」が接続したことを、図式表示します。

＊

「touchDown」に、「Label」の「文字列」を変更するプログラムを書き込みます。

```swift
import UIKit

class ViewController: UIViewController {

    @IBOutlet weak var myButton: UIButton!
    @IBOutlet weak var myLabel: UILabel!
    override func viewDidLoad() {
        super.viewDidLoad()
        // Do any additional setup after loading the view, typically from a nib.
    }

    override func didReceiveMemoryWarning() {
        super.didReceiveMemoryWarning()
        // Dispose of any resources that can be recreated.
    }

    @IBAction func touchDown(sender: UIButton) {
        myLabel.text = "Hello World!"
    }

    @IBAction func touchUp(sender: UIButton) {
        myButton.setTitle("touchUp", forState: UIControlState.Normal)
    }
}
```

画面 3.23 「touchDown」に追加するプログラム　　　　　　　　　　　　[myButton2]

47

第3章 ボタン Button

■ プログラム実行

「プロジェクト」を「ビルド」して「実行」します。

*

画面 3.24 が開きます。

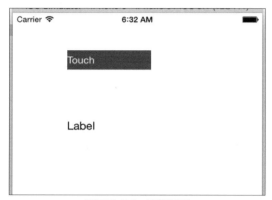

画面 3.24　実行画面

マウスで、「Button」をクリックします。

「iPhone の画面」は、画面 3.25 に変わります。

画面 3.25　「Label」のテキストが書き換わる

「Label」のテキストは、

| Label → Hello World! |

に変わりました。

第4章

テキスト・フィールド Text Field

> 「UIControl」のコンポーネント、「Text Field」を使って、プログラムを作ります。
> 「Text Field」は、1行の文字列を、読み書きするコントロールです。

4.1　プロジェクトの作成

[1]　「Xcode」を開きます。

[2]　新規に、「プロジェクト」を作ります。
　　「プロジェクトの名前」を、「myTextField」とします。

[3]　「オブジェクト・ライブラリ」をスクロールすると、**画面4.1**に示すように、「TextField」があります。

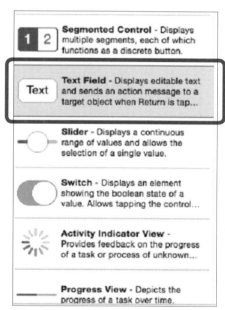

画面4.1　「オブジェクト・ライブラリ」で「TextField」探す

[4]　この「TextField」をマウスで捉えて、「iPhoneの画面」に「ドラッグ＆ドロップ」します。

第4章 テキスト・フィールド Text Field

画面4.2に示すように、「iPhoneの画面」に、「テキスト・フィールド」を置きます。

画面4.2 「TextField」を配置

*

「TextField」は、「1行の文字列」を扱う「コントロール」です。
左右方向には伸縮できますが、上下方向は固定です。

■「TextField」の設定

「iPhoneの画面」において、「TextField」を選択して、「ユーティリティ・エリア」において、「アトリビュート」を開きます。

「アトリビュート」は、**画面4.3**に示すように、「TextField」「Control」「View」の、3パネルの構成です。

画面4.3 「TextField」の「アトリビュート」

「TextField」の「背景色」は、「デフォルト」の、「白色」です。
これは、「画面の背景色」と同じです。

「背景」と区別をつけるために、「TextField」の「背景色」を変えます。

「アトリビュート」の「View」パネルに、**画面4.4**に示すように、項目「Backgroud」があります。

これを操作して、「TextField」の「背景色」を、変えます。

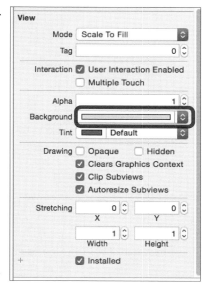

画面4.4 「アトリビュート」の「View」パネル

■ プログラム実行

ここで、「プロジェクト」を「ビルド」して「実行」します。

画面4.5に示すように、「iPhoneの画面」が開きます。

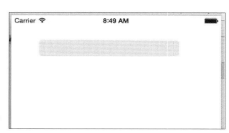

画面4.5 実行画面

＊

「画面」に、「背景色付き」の「テキスト・フィールド」を置きました。

4.2 テキストの書き込み

「myTextField.swift」に、プログラムを書き込みます。

■「アウトレット」の追加

まず、「TextField」の「アウトレット」を作ります。

---

[1] 「コネクション・インスペクタ」を開いて、**画面4.6**に示すように、「New Referencing Outlet」をマウスで捉えて、「myTextField.swift」に「ドラッグ＆ドロップ」します。

第4章 テキスト・フィールド Text Field

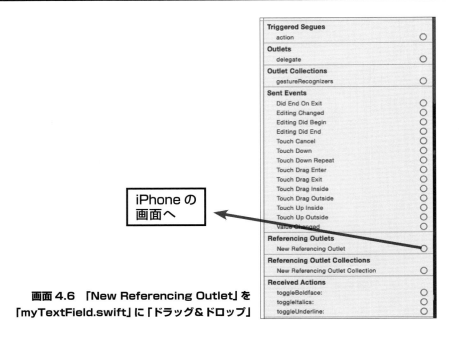

画面 4.6 「New Referencing Outlet」を
「myTextField.swift」に「ドラッグ＆ドロップ」

[2]　「Connection」メニューが開くので、画面 4.7 に示すように、「Name」の「テキスト・フィールド」に、「myTextField」と記入して、「Connect」ボタンをクリックします。

画面 4.7　「Name」に「TextField」の名前を記入

画面 4.8 に示すように、「TextField」の「アウトレット」を生成しました。

```
import UIKit

class ViewController: UIViewController {

    @IBOutlet weak var myTextField: UITextField!
    override func viewDidLoad() {
        super.viewDidLoad()
        // Do any additional setup after loading the view, typically
            from a nib.
    }

    override func didReceiveMemoryWarning() {
        super.didReceiveMemoryWarning()
        // Dispose of any resources that can be recreated.
    }

}
```

画面 4.8　アウトレットが追加された

「コネクション・インスペクタ」の画面は、**画面4.9**に示すように、「TextField」と「プログラム」が接続したことを表示します。

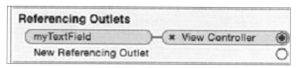

画面4.9　コネクション・インスペクタ

■「アクション」の追加

「TextField」に「文字列」を書き込んで、「Enter」キーを押したときに、「TextField」の「文字列」を、「デバッグ・エリア」に「プリント」するプログラムを作ります。

＊

「コネクション・インスペクタ」の、「Did End On Exit」を使います。

「Did End On Exit」は、「キーボード」において、「ENTER」キーを押したときに、「メッセージ」を発行します。

---

[1]　**画面4.10**に示すように、「コネクション・インスペクタ」の「Did End On Exit」右端の「○記号」をマウスで捕えて、「myTextField.swift」に「ドラッグ＆ドロップ」します。

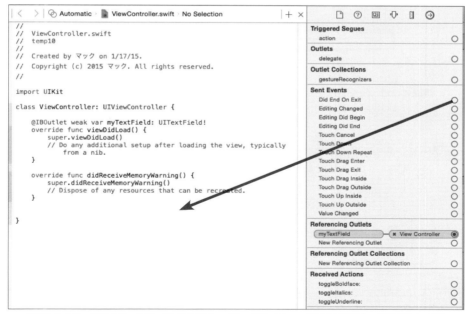

画面4.10　「Did End On Exit」を「myTextField.swift」に「ドラッグ＆ドロップ」

[2]　「Connection」メニューが開くので、**画面4.11**に示すように、「Name」の「テキスト・ボックス」に、「endAction」と記入して、「Connect」ボタンをクリックします。

第4章 テキスト・フィールド Text Field

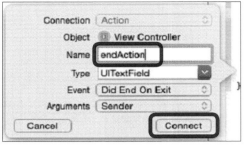

画面 4.11 「Name」に「関数名」を記入

[3] 「myTextField.swift」に、関数「endAction()」が書き込まれるので、**画面4.12**に示すように、「文字列」を「デバッグ・エリア」にプリントする「センテンス」を記入します。

```
import UIKit

class ViewController: UIViewController {

    @IBOutlet weak var myTextField: UITextField!
    override func viewDidLoad() {
        super.viewDidLoad()
        // Do any additional setup after loading the view, typically
            from a nib.
    }

    override func didReceiveMemoryWarning() {
        super.didReceiveMemoryWarning()
        // Dispose of any resources that can be recreated.
    }

    @IBAction func endAction(sender: AnyObject) {
        println(myTextField.text)
    }
}
```

画面 4.12 「myTextField.swift」のプログラム　　　　　[myTextField]

■ プログラム実行

「プロジェクト」を「ビルド」します。
「ビルド」は成功します。

「プログラム」を「実行」します。

　　　　　　　　　　　　　　＊

「iPhoneの画面」において、「テキスト・フィールド」をタップして、「文字列」（ここでは、「Hello World!」としている）を書き込み、「ENTER」キーを押します。

画面 4.13 実行画面

54

「デバッグ・エリア」に、「テキスト・フィールド」に書き込んだ文字列をプリントします。

画面 4.14 デバッグ・エリア

4.3 数値の計算

２つの「整数」を与え、その「積」を計算して表示するプログラムを作ります。

「プロジェクト」の名前を、「myTextField2」とします。

「テキスト・フィールド」と「ラベル」を各２個と、「ボタン」を１個の、計５個の「コントロール」を使います。

＊

「コントロール」は、**画面 4.15** に示すように配置します。

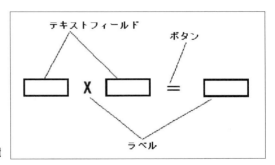

画面 4.15 「コントロール」の配置

「コントロール」に対して、**画面 4.16** に示すように色を付けます。

画面 4.16 「コントロール」の色

＊

以下に、「コントロール」に対し実行する操作を、述べます。

≪最左の「テキスト・フィールド」の場合≫

「アトリビュート・インスペクタ」を開いて、**画面 4.17** に示すように、

- 「文字列 Text」を消去
- 「文字列」を右寄せ
- 「背景色」を選択

します。

第4章 テキスト・フィールド Text Field

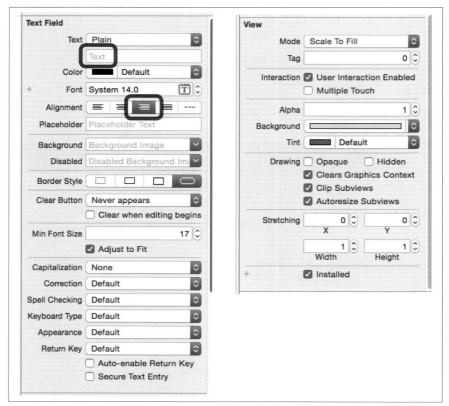

画面4.17 アトリビュート・インスペクタ

「サイズ・インスペクタ」を開いて、**画面4.18**に示すように、配置場所を「数字」で指定します。

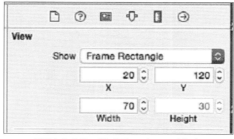

画面4.18 サイズ・インスペクタ

≪左から2番目の「ラベル」の場合≫

テキストは、

文字、X、

とします。

配置場所は、**画面4.19**に示すように、指定します。

56

[4.3] 数値の計算

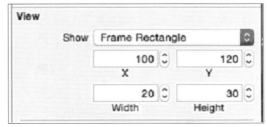

画面 4.19　配置場所

≪2 番目の「テキスト・フィールド」の場合≫

「背景色」を変え、配置場所は**画面 4.20** に示すように指定します。

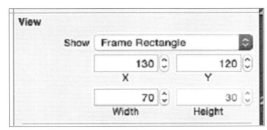

画面 4.20　配置場所

≪「ボタン」≫

「テキスト」を「＝」記号に変え、配置は**画面 4.21** に示すように指定します。

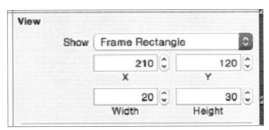

画面 4.21　配置場所

≪最右の「ラベル」≫

テキスト「Label」を消去して、「文字」を右寄せし、「背景色」を指定します。
配置場所は、**画面 4.22** に示すように指定します。

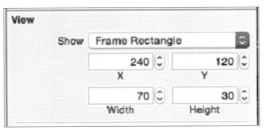

画面 4.22　配置場所

57

第4章 テキスト・フィールド Text Field

■ プログラム実行

現在時点では、プログラムは書き込んでいませんが、「コントロール」の配置をチェックするために、ここで「プロジェクト」を「ビルド」して「実行」します。

画面4.23に示すように、「iPhoneの画面」が開きます。

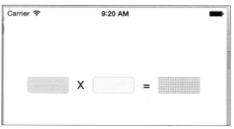

画面4.23 実行画面

「コントロール」の「配置場所」や「色」を確認しました。

■「アウトレット」の追加

画面4.24に示すように、2つの「テキスト・フィールド」と「ボタン」「ラベル」に関して、「アウトレット」を作ります。

```
@IBOutlet weak var textField1: UITextField!
@IBOutlet weak var textField2: UITextField!
@IBOutlet weak var myButton: UIButton!
@IBOutlet weak var myLabel: UILabel!
```

画面4.24 「アウトレット」の追加

■「アクション」の追加

ユーザーが、「=」ボタンをクリックした際に、2つの「テキスト・フィールド」の「数字」を拾って、両者の「積」を計算して、結果を「ラベル」に表示します。

画面4.25に示すように、「ボタン」に対して、「アクション」を作って、プログラムを書き込みます。

[4.3] 数値の計算

```
import UIKit

class ViewController: UIViewController {

    @IBOutlet weak var textField1: UITextField!
    @IBOutlet weak var textField2: UITextField!
    @IBOutlet weak var myButton: UIButton!
    @IBOutlet weak var myLabel: UILabel!
    override func viewDidLoad() {
        super.viewDidLoad()
        // Do any additional setup after loading the view,
            typically from a nib.
    }

    override func didReceiveMemoryWarning() {
        super.didReceiveMemoryWarning()
        // Dispose of any resources that can be recreated.
    }

    @IBAction func myButton(sender: AnyObject) {
        let a1 = textField1.text
        let b1 = a1.toInt()
        let a2 = textField2.text
        let b2 = a2.toInt()
        let c = b1! * b2!
        myLabel.text = "\(c)"
    }
}
```

画面 4.25 「アクション」の追加

■ プログラム実行

「プロジェクト」を「ビルド」します。
「ビルド」は成功します。

「プログラム」を「実行」します。

*

「初期画面」が開きます。

画面 4.26 に示すように、「最初のテキスト・フィールド」に「12」を書き、「次のテキスト・フィールド」に「34」と書いて、「＝」をタップします。

画面 4.26 実行画面

*

答は、「ラベル」に「408」と表示します。

「数値」を「マイナス」の値にしても、正しい結果を得ます。

59

第4章 テキスト・フィールド Text Field

「テキスト・フィールド」に「数字」を記入しない状態で、「＝」記号をクリックすると、**画面4.27**に示すように、「エラー」が発生し、プログラムはストップします。

```
fatal error: unexpectedly found nil while unwrapping an Optional value
(lldb)
```

画面4.27　デバッグ・エリア

また、「テキスト・ボックス」に、たとえば「3.5」などと、「整数以外」の数を書き込むと、これも「エラー」が発生します。

■ プログラムの改善

「アクション」の部分を書き換えます。

関数「myButton」のプログラムを、**画面4.28**に示します。

```swift
@IBAction func myButton(sender: AnyObject) {
    var flg = true
    let a1 = textField1.text
    let b1 = a1.toInt()
    if b1 == nil {
        flg = false
    }
    let a2 = textField2.text
    let b2 = a2.toInt()
    if b2 == nil {
        flg = false
    }
    if flg == true {
        let c = b1! * b2!
        myLabel.text = "\(c)"
    } else {
        myLabel.text = "???"
    }
}
```

画面4.28　プログラム　　　　　　　　[myTextField2]

「テキスト・フィールド」の「文字列」を拾って、「数値」に変換する際に、「整数」以外の記号ならば「nil」が入るので、これを判別し、「答」の欄に、「???」をプリントします。

■ プログラム実行

「プロジェクト」を「ビルド」して「実行」します。

「テキスト・フィールド」が「空欄」の場合と、「テキスト・フィールド」が「浮動小数点数」の場合の、「処理画面」を示します。

60

[4.3] 数値の計算

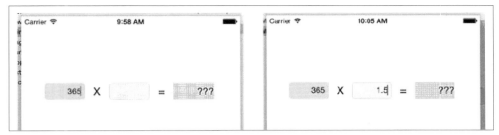

画面 4.29　実行画面

答の欄に、「???」をプリントしています。

第5章

スイッチ Switch

> 「UIControl」のコンポーネント、「Switch」を使って、プログラムを作ります。
> 「Switch」は、「true」「false」の「2値」を出力するコントロールです。

5.1 プロジェクトの作成

[1] 「Xcode」を開きます。

[2] 新規に、「プロジェクト」を作ります。
「プロジェクトの名前」を、「mySwitch」とします。

[3] 「オブジェクト・ライブラリ」をスクロールして、**画面5.1**に示すように、「Switch」を捕えて、「iPhoneの画面」に「ドラッグ＆ドロップ」します。

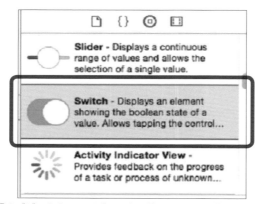

画面5.1　「オブジェクト・ライブラリ」の「Switch」を「ドラッグ＆ドロップ」

*

画面5.2に示すように、「iPhoneの画面」に、「Switch」を配置しました。

[5.1] プロジェクトの作成

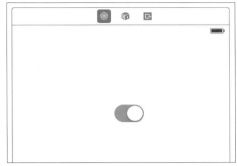

画面 5.2 「Switch」を配置した

＊

「iPhone の画面」において、「Switch」を選択し、「アトリビュート・インスペクタ」を開きます。

画面 5.3 に示すように、「Switch」「Control」「View」の3パネルの構成です。

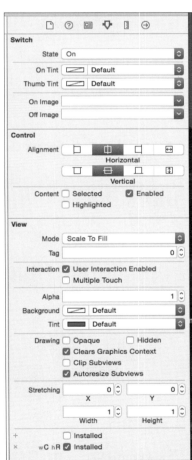

画面 5.3 「Switch」の「アトリビュート・インスペクタ」

「Switch のパネル」の「最上部の State」は、「初期状態 = On」（スイッチが入った状態）です。

＊

「プログラム」を書き込みます。

63

第5章 スイッチ Switch

■「アウトレット」の追加

[1]　「iPhone 画面」の「Switch」をクリック選択して、「ユーティリティ・エリア」に、「コネクション・インスペクタ」を開きます。

[2]　「New Referencing Outlet」の「○記号」をマウスで捉えて、**画面 5.4** に示すように、「ViewController.swift」に「ドラッグ＆ドロップ」します。

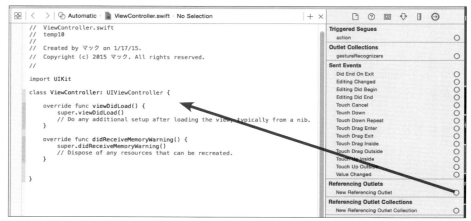

画面 5.4　「New Referencing Outlet」を「ViewController.swift」に「ドラッグ＆ドロップ」

[3]　「Connection」メニューが開きます。
　画面 5.5 に示したように、「Name」の「テキスト・ボックス」に、「mySwitch」と記入して、「Connect」ボタンをクリックします。

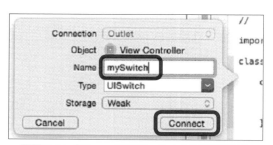

画面 5.5　「Name」に「Switch」の名前を記入

「ViewController.swift」に、「Switch」の「アウトレット」が書き込まれます。

[5.1] プロジェクトの作成

```
import UIKit

class ViewController: UIViewController {

    @IBOutlet weak var mySwitch: UISwitch!
    override func viewDidLoad() {
        super.viewDidLoad()
        // Do any additional setup after loading the view, typically from a nib.
    }

    override func didReceiveMemoryWarning() {
        super.didReceiveMemoryWarning()
        // Dispose of any resources that can be recreated.
    }

}
```

画面 5.6 「ViewController.swift」に「Switch」の「アウトレット」を追加

■「アクション」の追加

[1]　「コネクション・インスペクタ」の「Sent Events」セクション、

| Value Changed |

をマウスで捉えて、「ViewController.swift」に「ドラッグ＆ドロップ」します。

[2]　「Connection」メニューが開くので、「Name」の「テキスト・ボックス」に「valueChanged」と記入して、「Connect」ボタンをクリックします。

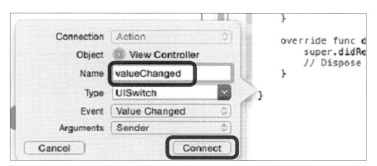

画面 5.7 「Name」に「関数の名前」を記入

[3]　「ViewController.swift」に、関数「valueChanged」が作られるので、**画面 5.8**に示すように、プログラムを書き込みます。

第5章 スイッチ Switch

```swift
import UIKit

class ViewController: UIViewController {

    @IBOutlet weak var mySwitch: UISwitch!
    override func viewDidLoad() {
        super.viewDidLoad()
        // Do any additional setup after loading the view, typically from a nib.
        println("initially value set to ON")
    }

    override func didReceiveMemoryWarning() {
        super.didReceiveMemoryWarning()
        // Dispose of any resources that can be recreated.
    }

    @IBAction func valueChanged(sender: UISwitch) {
        var str: String = "OFF"
        if mySwitch.on == true {
            str = "ON"
        }
        println("value changed to " + str)
    }
}
```

画面 5.8 「ViewController.swift」のプログラム   [mySwitch]

■ プログラム解説

「Switch」の状態が「ON」ならば、「デバッグ・エリア」に、

```
Value changed to ON
```

とプリントします。

「Switch」の状態が「OFF」ならば、

```
Value changed to OFF
```

とプリントします。

「スイッチ」の「初期状態」は、「ON」と設定したので、関数「valueDidLoad」において、

```
initially value set to ON
```

とプリントします。

■ プログラム実行

「プロジェクト」を「ビルド」して「実行」します。

画面 5.9 に示すように、「iPhone の画面」が開きます。

66

[5.1] プロジェクトの作成

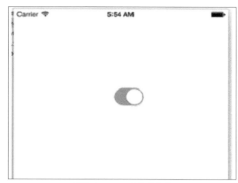

画面 5.9　実行画面

＊

「デバッグ・エリア」を見ると、「文字列」をプリントしています。

```
initially value set to ON
```
画面 5.10　デバッグ・エリア

＊

「Switch」にタッチします。
「スイッチ」は、画面 5.11 に示すように、「OFF」の状態に変わります。

画面 5.11　実行画面

「デバッグ・エリア」に、「文字列」を追加しています。

```
initially value set to ON
value changed to OFF
```
画面 5.12　デバッグ・エリア

第6章

スライダー Slider

> 「UIControl」のコンポーネントの「Slider」を使って、
> プログラムを作ります。
> 「Slider」は、数値を設定するコントロールです。

6.1　プロジェクトの作成

[1]　「Xcode」を開きます。

[2]　新規に、「プロジェクト」を作ります。
　「プロジェクトの名前」を、「mySlider」とします。

[3]　画面6.1に示すように、「オブジェクト・ライブラリ」をスクロールし、「Slider」を捕えて、「iPhoneの画面」に「ドラッグ＆ドロップ」。

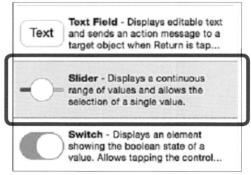

画面6.1　「Slider」を「ドラッグ＆ドロップ」

＊

画面6.2に示すように、「iPhoneの画面」に、「Slider」を配置しました。

68

[6.1] プロジェクトの作成

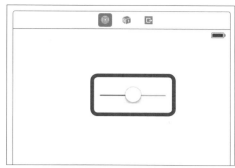

画面 6.2 「Slider」を配置

■「アウトレット」の追加

[1] 「Slider」をクリックして選択し、「ユーティリティ・エリア」に、「コネクション・インスペクタ」を開きます。

[2] 「New Referencing Outlet」をマウスで捉えて、画面 6.3 に示すように、「ViewController.swift」に「ドラッグ&ドロップ」。

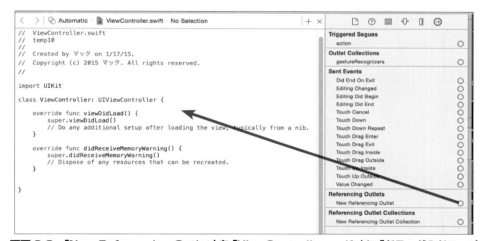

画面 6.3 「New Referencing Outlet」を「ViewController.swift」に「ドラッグ&ドロップ」

[3] 画面 6.4 に示すように、「Connection」メニューが開きます。

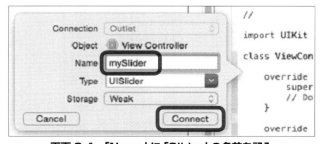

画面 6.4 「Name」に「Slider」の名前を記入

第6章 スライダー Slider

「Name」の「テキスト・フィールド」に、「mySlider」と記入して、「Connect」ボタンをクリック。
「メニュー」は閉じます。

＊

「ViewController.swift」に、**画面 6.5** に示すように、「Slider」の「アウトレット」が書き込まれます。

```
import UIKit

class ViewController: UIViewController {

    @IBOutlet weak var mySlider: UISlider!
    override func viewDidLoad() {
        super.viewDidLoad()
        // Do any additional setup after loading the view, typically from a nib.
    }

    override func didReceiveMemoryWarning() {
        super.didReceiveMemoryWarning()
        // Dispose of any resources that can be recreated.
    }

}
```

画面 6.5　「ViewController.swift」に「アウトレット」を追加

■「アクション」の追加

[1]　「コネクション・インスペクタ」の「Sent Events」パネルで、

| Value Changed |

をマウスで捕えて、「ViewController.swift」に「ドラッグ＆ドロップ」。

[2]　「Connection」メニューが開くので、**画面 6.6** に示すように、「Name」の「テキスト・ボックス」に「sliderValueChanged」と記入して、「Connect」ボタンをクリック。

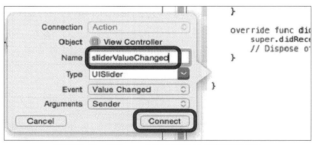

画面 6.6　「Name」に「関数の名前」を記入

[3]　「ViewController.swift」に関数「sliderValueChanged」が作られるので、**画面 6.7** に示すように、「Slider」から「数値」を読み取り、「デバッグ・エリア」に「プリント」するセンテンスを書き込みます。

[6.1] プロジェクトの作成

```
import UIKit

class ViewController: UIViewController {

    @IBOutlet weak var mySlider: UISlider!
    override func viewDidLoad() {
        super.viewDidLoad()
        // Do any additional setup after loading the view, typically from a nib.
    }

    override func didReceiveMemoryWarning() {
        super.didReceiveMemoryWarning()
        // Dispose of any resources that can be recreated.
    }

    @IBAction func sliderValueChanged(sender: UISlider) {
        println("\(mySlider.value)")
    }
}
```

画面 6.7 「ViewController.swift」にプログラムを追加 [mySlider]

「mySlider」の「value」プロパティ、すなわち「位置に関する数値」を取得して、「デバッグ・エリア」にプリントします。

■ プログラム実行

「プロジェクト」を「ビルド」します。
「ビルド」は成功します。

「プログラム」を「実行」します。

*

画面 6.8 に示すように、「iPhone の画面」が開きます。

「Slider」の中央に、「thumb」（サム、円形のつまみ）があります。
これを、マウスで捉えて、左右にドラッグします。

画面 6.8 実行画面

「デバッグ・エリア」に、画面 6.9 に示すように、「数値」をプリントします。

「サム」を、「Slider」の端点に移動すると、「デバッグ・エリア」の「数値」は、「左端」で「0.0」に、「右端」で「1.0」になります。

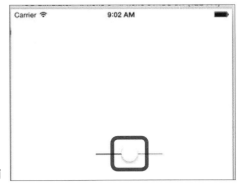

画面 6.9 デバッグ・エリア

第6章 スライダー Slider

6.2 プロパティ

「Slider」の「デフォルトの設定値」(すなわち、「左端」が「0.0」、「右端」が「1.0」)を、変更します。

*

「iPhoneの画面」において、「Slider」をクリックして、選択。

「アトリビュート・インスペクタ」の「Slider」のパネルにおいて、**画面6.10**に示すように、「数値」を変更します。

画面6.10 「最小値」「最大値」「初期位置」を設定

*

「Slider」の「最小値」(ValueのMinimum)を「0」と設定し、「最大値」(ValueのMaximum)を「100」に、「初期位置」(Current)を「中央」の「50」と設定しました。

■ プログラム実行

「プロジェクト」を「ビルド」します。
「ビルド」は成功します。

「プログラム」を「実行」します。

*

「Slider」の「サム」を掴んで、左右に「ドラッグ」します。
「デバッグ・エリア」に、「数値」を「プリント」します。

「サム」を「左」に寄せると、数値「0」をプリントし、「右」に寄せると、数値「100」をプリントします。

```
100.0
89.8305
80.0847
70.339
61.8644
48.3051
38.5593
31.7797
29.2373
26.6949
16.9492
0.0
```

画面6.11 デバッグ・エリア

6.3　色の合成

「赤」「緑」「青」の3色を使って「色」を合成するプログラムを作ります。

「Slider」を動かすと、それに応じて、「R」「G」「B」の比率を変えて、「Label」の色を変えます。

＊

「Slider」には、「Label」を貼り付けて、「サム」の位置を「数値」で設定。

3個の「Slider」と、4個の「Label」を使います。

＊

新規に、「プロジェクト」を作ります。
「プロジェクトの名前」を、「mySlider2」とします。

■ コントロールの配置

「iPhoneの画面」に、**画面6.12**に示すように、4個の「Label」と、3個の「Slider」を貼り付けます。

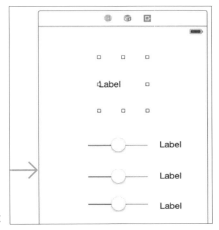

画面6.12　「コントロール」を配置

■「Label」の設定

「Label」のテキストを変更します。

「最上部のLabelのテキスト」は消去して、「空白」とします。

3個の「Labelのテキスト」は、**画面6.13**に示すように、「0.5」と書き換えます。

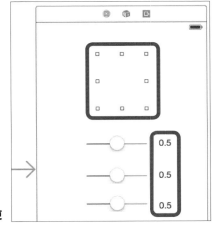

画面6.13　「Label」の文字列を変更

第6章 スライダー Slider

■「Slider」の設定

「Slider」に、役割を決めます。

*

「上のSlider」は「赤色」を担当し、「中央のSlider」は「緑色」、「下のSlider」は「青色」を担当します。

「Slider」の「バー」の色を、担当する色に変えます。

*

「上のSlider」に関して、操作を述べます。

「Slider」を選択します。

「アトリビュート・インスペクタ」を開いて、**画面6.14**に示すように、「トラックの色」(Min Track Tint) を「赤」に指定。

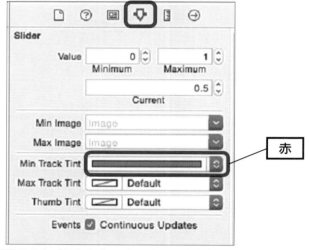

画面6.14 「アトリビュート・インスペクタ」の設定

*

「中央のSlider」「下のSlider」に関して、同じ操作を適用します。
ただし、「中央のSlider」は「緑色」とし、「下のSlider」は「青色」とします。

■「コントロール」の名前

7個の「コントロール」に対して、**画面6.15**に示すように、「アウトレット」に「名前」をつけます。

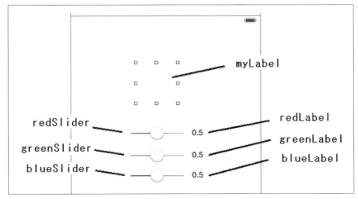

画面6.15　各「コントロール」に設定する「アウトレット」

「最上部の正方形の Label」の名前は、「myLabel」です。

3個の「Slider」の名前は、それぞれ、

- redSlider
- greenSlider
- blueSlider

です。

3個の「Label」の名前は、それぞれ、

- redLabel
- greenLabel
- blueLabel

です。

*

「プログラム」を作ります。

■「アウトレット」の追加

まず、7個の「コントロール」の「アウトレット」を作ります。

「コネクション・インスペクタ」を開いて、4個の「Label」と、3個の「Slider」の「アウトレット」を作ります。

第6章 スライダー Slider

```
import UIKit

class ViewController: UIViewController {

    @IBOutlet weak var myLabel: UILabel!
    @IBOutlet weak var redSlider: UISlider!
    @IBOutlet weak var greenSlider: UISlider!
    @IBOutlet weak var blueSlider: UISlider!
    @IBOutlet weak var redLabel: UILabel!
    @IBOutlet weak var greenLabel: UILabel!
    @IBOutlet weak var blueLabel: UILabel!
    override func viewDidLoad() {
        super.viewDidLoad()
        // Do any additional setup after loading the view, typically from a nib.
    }

    override func didReceiveMemoryWarning() {
        super.didReceiveMemoryWarning()
        // Dispose of any resources that can be recreated.
    }

}
```

画面 6.16　追加した「アウトレット」

■「アクション」の追加

続いて、「Slider」のアクションを記述する関数を作ります。

「iPhoneの画面」において、「redSlider」をクリックして選択。
「コネクション・インスペクタ」を開きます。

画面6.17に示すように、「Sent Events」パネルで、「Value Changed」右端の「○記号」をマウスで捉えて、プログラムに「ドラッグ＆ドロップ」します。

画面 6.17　「Value Changed」をプログラムに「ドラッグ＆ドロップ」

画面6.18に示すように、「Connection」メニューが開くので、「Name」の「テキスト・フィールド」に、「redAction」と記入して、「Connect」ボタンをクリックします。

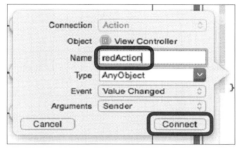

画面 6.18 「Name」に関数名を記入

画面 6.19 に示すように、「プログラムの枠」が書き込まれます。

```
import UIKit

class ViewController: UIViewController {

    @IBOutlet weak var myLabel: UILabel!
    @IBOutlet weak var redSlider: UISlider!
    @IBOutlet weak var greenSlider: UISlider!
    @IBOutlet weak var blueSlider: UISlider!
    @IBOutlet weak var redLabel: UILabel!
    @IBOutlet weak var greenLabel: UILabel!
    @IBOutlet weak var blueLabel: UILabel!
    override func viewDidLoad() {
        super.viewDidLoad()
        // Do any additional setup after loading the view, typically from a nib.
    }

    override func didReceiveMemoryWarning() {
        super.didReceiveMemoryWarning()
        // Dispose of any resources that can be recreated.
    }

    @IBAction func redAction(sender: AnyObject) {
    }
}
```

画面 6.19 「redAction」関数の枠を追加

残りの「Slider」の「greenSlider」「blueSlider」に関しても、同じ操作をします。

プログラムに、3つの関数、

- redAction
- greenAction
- blueAction

を作りました。

＊

最後に、**画面 6.20** に示すように、プログラムを書き込みます。

77

スライダー Slider

```
import UIKit

class ViewController: UIViewController {
    @IBOutlet weak var myLabel: UILabel!
    @IBOutlet weak var redSlider: UISlider!
    @IBOutlet weak var greenSlider: UISlider!
    @IBOutlet weak var blueSlider: UISlider!
    @IBOutlet weak var redLabel: UILabel!
    @IBOutlet weak var greenLabel: UILabel!
    @IBOutlet weak var blueLabel: UILabel!
    override func viewDidLoad() {
        super.viewDidLoad()
        // Do any additional setup after loading the view, typically from a nib.
        setColor()
    }

    override func didReceiveMemoryWarning() {
        super.didReceiveMemoryWarning()
        // Dispose of any resources that can be recreated.
    }

    @IBAction func redAction(sender: UISlider) {
        setColor()
    }

    @IBAction func greenAction(sender: UISlider) {
        setColor()
    }

    @IBAction func blueAction(sender: UISlider) {
        setColor()
    }

    func setColor() {
        let red = redSlider.value
        redLabel.text = "\(red)"
        let green = greenSlider.value
        greenLabel.text = "\(green)"
        let blue = blueSlider.value
        blueLabel.text = "\(blue)"
        myLabel.backgroundColor = UIColor(red: CGFloat(red), green: CGFloat(green),
            blue: CGFloat(blue), alpha: 1.0)
    }
}
```

画面 6.20　追加したプログラム　　　　　　　　　　　　　　　　　　　　　　　　[mySlider2]

■ プログラム解説

プログラムの説明をします。

＊

「Slider」において、「サム」の位置の変更が起ると、関数「setColor」を呼び出します。

「setColor」において、3個の「Slider」の「サム」の位置を読み込んで、これを、「Label」にプリントします。

続いて、読み込んだ値を、関数「UIColor」に与え、「色」を合成して、「myLabel」の「backgroundColor」を構成します。

[6.3] 色の合成

■ プログラム実行

「プロジェクト」を「ビルド」します。
「ビルド」は成功します。

「プログラム」を「実行」します。

*

画面 6.21 が開きます。

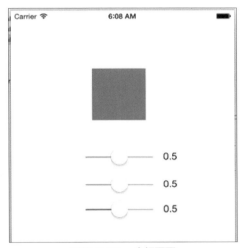

画面 6.21　実行画面

*

「赤の Slider」を右いっぱいに移動し、「緑の Slider」を左へ、「青の Slider」を右へ移動。

画面 6.22 に示すように、「色」を合成します。

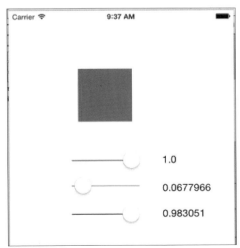

画面 6.22　「色」を合成

79

第6章 スライダー Slider

「緑」と「青」を合成します。

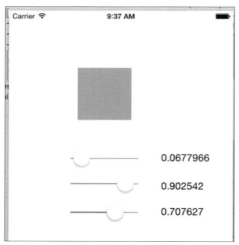

画面 6.23 「緑」と「青」を合成

いろいろ、実験します。

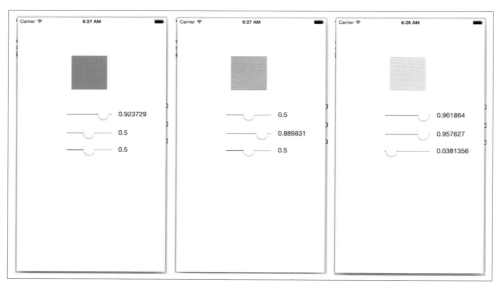

画面 6.24 「Slider」をいろいろ操作して、実験する

第2部

コントロール

ここでは、「セグメンテッド・コントロール」に代表される「コントロール」の部分について解説します。

＊

- ■ セグメンテッド・コントロール Segmented Control
- ■ ステッパ Stepper
- ■ デート・ピッカー Date Picker

第7章
セグメンテッド・コントロール Segmented Control

> 「UIControl」のコンポーネント、「Segmented Control」
> を使って、プログラムを作ります。
> 「Segmented Control」は、複数のターゲット(2以上)から、
> 一つのターゲットを選択するコントロールです。

7.1 プロジェクトの作成

[1] 「Xcode」を開きます。

[2] 新規に、「プロジェクト」を作ります。
「プロジェクトの名前」を、「mySegmentedControl」とします。

[3] 「オブジェクト・ライブラリ」をスクロールして、**画面7.1**に示すように、「Segmented Control」を捉えて、「iPhoneの画面」に「ドラッグ&ドロップ」。

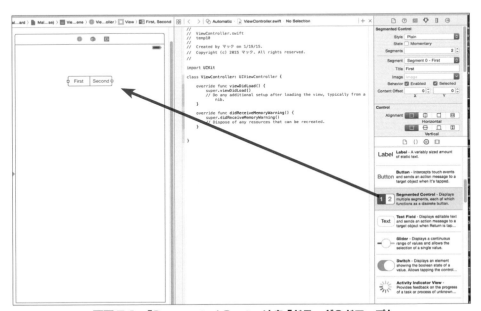

画面7.1 「Segmented Control」を「ドラッグ&ドロップ」

[7.2] スタイル

■ プログラム実行

ここで、「プロジェクト」を「ビルド」して「実行」します。

「iPhone の画面」に、**画面 7.2** に示すように、「Segmented Control」を表示します。

画面 7.2 実行画面

7.2　スタイル

「Segmented Control」の「スタイル」を変えます。

「iPhone の画面」で「Segmented Control」を選択し、「ユーティリティ・エリア」で「アトリビュート・インスペクタ」を開きます。

デフォルトの「スタイル」は、**画面 7.3** の左、「Plain」です。

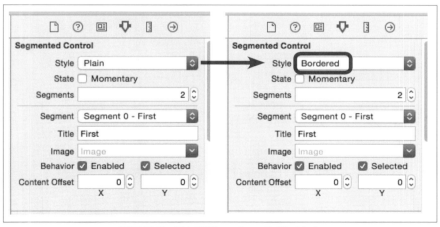

画面 7.3　アトリビュート・インスペクタ

画面右に示すように、「スタイル」を「Bordered」に変えます。

「Segmented Control」の「スタイル」を、

    Plain → Bordered

と、変えました。

第7章 セグメンテッド・コントロール Segmented Control

■ プログラム実行

「プロジェクト」を「ビルド」して「実行」します。

「Segmented Control」の「スタイル」は変わりません。
「Plain」に固定しています。
その理由は不明です。

7.3 アウトレット

プログラムを書き込んで、「Segmented Control」の動作を確認します。

*

「iPhoneの画面」で「Segmented Control」をクリックして選択。

「ユーティリティ・エリア」に、「コネクション・インスペクタ」を開きます。

「New Referencing Outlet」をマウスで捉えて、「ViewController.swift」に「ドラッグ&ドロップ」します。

画面7.4に示すように、「Connection」メニューが開くので、「Name」の「テキスト・フィールド」に、「mySegmentedControl」と記入して、「Connect」ボタンをクリック。

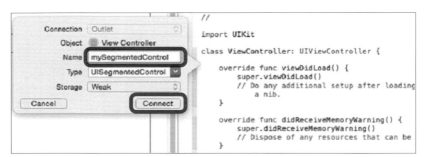

画面 7.4 「Name」にアウトレットの名前を記入

「Connection」メニューは、閉じます。

*

画面7.5に示すように、「ViewController.swift」に「mySegmentedControl」の「アウトレット」を作りました。

[7.4] デバッグ・プリント

```
import UIKit

class ViewController: UIViewController {

    @IBOutlet weak var mySegmentedControl: UISegmentedControl!
    override func viewDidLoad() {
        super.viewDidLoad()
        // Do any additional setup after loading the view, typically from a
            nib.
    }

    override func didReceiveMemoryWarning() {
        super.didReceiveMemoryWarning()
        // Dispose of any resources that can be recreated.
    }

}
```

画面 7.5 「ViewController.swift」に「アウトレット」を作成

7.4 デバッグ・プリント

簡単なプログラムを作ります。

「Segmented Control」のセグメントをクリックしたときに、「デバッグ・エリア」に、「そのセグメントのインデックス」をプリントします。

■「アクション」の追加

[1] 「iPhoneの画面」で「Segmented Control」をクリックして選択します。

[2] 「コネクション・インスペクタ」を開きます。

[3] 「Sent Events」パネルで、

```
Value Changed
```

をマウスで捕えて、「ViewController.swift」に「ドラッグ＆ドロップ」。

画面 7.6 「ViewController.swift」に「ドラッグ＆ドロップ」

85

第7章 セグメンテッド・コントロール Segmented Control

[4]「メニュー」が開くので、「Name」の「テキスト・フィールド」に、「valueChanged」と記入し、「Type」は「UISegmentedControl」を選択して、「Connect」ボタンをクリック。

画面 7.7「Name」に「関数の名前」を記入

[5]「ViewController.swift」に、関数「valueChanged」を作ったので、ここに「センテンス」を書き込みます。

```
import UIKit

class ViewController: UIViewController {

    @IBOutlet weak var mySegmentedControl: UISegmentedControl!
    override func viewDidLoad() {
        super.viewDidLoad()
        // Do any additional setup after loading the view, typically from a
            nib.
    }

    override func didReceiveMemoryWarning() {
        super.didReceiveMemoryWarning()
        // Dispose of any resources that can be recreated.
    }

    @IBAction func valueChanged(sender: AnyObject) {
        println(mySegmentedControl.selectedSegmentIndex)
    }
}
```

画面 7.8「ViewController.swift」のプログラム　　　　[mySegmentedControl]

選択した「セグメント」の「インデックス」を、「デバッグ・エリア」にプリントします。

■ プログラム実行

「プロジェクト」を「ビルド」します。
「ビルド」は成功します。

「プログラム」を「実行」します。
　　　　　　　　　　　　　＊
「iPhoneの画面」が開きます。
　　　　　　　　　　　　　＊
左の「First」が「選択状態」です。
　　　　　　　　　　　　　＊

[7.5] 選 択

右の「Second」の「セグメント」をタップします。

画面7.9に示すように、「選択状態」は、左の「First」から、右の「Second」に移ります。

画面 7.9　実行画面

「Xcode」の「デバッグ・エリア」に、「1」をプリント。
続いて、「First」をタップすると、「0」をプリント。

画面 7.10　デバッグ・エリア

7.5　選　択

「Segmented Control」のセグメントを「タップ」したときに、「Label」の「色」を変えるプログラムを作ります。

＊

[1]　新規に、「プロジェクト」を作ります。
　「プロジェクトの名前」を、「mySegmentedControl2」とします。

[2]　「iPhoneの画面」に、「オブジェクト・ライブラリ」から、

- SegmentedControl
- Label

を「ドラッグ&ドロップ」。

■「Segmented Control」の設定

「Segmented Control」の「セグメント数」を、

2 → 3

に変えます。

87

第7章 セグメンテッド・コントロール Segmented Control

[1] 「iPhoneの画面」で、「Segmented Control」をクリックして選択。
「ユーティリティ・エリア」に、「アトリビュート・インスペクタ」を開きます。

[2] 画面7.11に示すように、「Segments」の「テキスト・フィールド」の「右端のマーク」をクリックして、「3」とします。

画面7.11 「Segments」を「3」に変更

「iPhoneの画面」は、画面7.12に示すように、3セグメントの構成に、変わります。

画面7.12 セグメントの追加

*

新規に作った「第3のセグメント」に、「名前」を付けます。

[1] 画面7.13に示すように、「Segment」の「テキスト・フィールド」において、

```
Segment2
```

を選択して、「Title」の「テキスト・フィールド」に「Blue」と書き込んで、「ENTER」キーを押します。

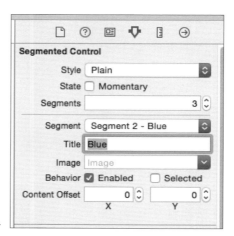

画面7.13 「Segment2」の「Title」に記入

[2] 「iPhoneの画面」の「右端のセグメント」の「テキスト」は、画面 7.14 に示すように、「Blue」と変わります。

画面 7.14 「第3のセグメント」に「Blue」と付けた

＊

[3] 同じ手法を、「左端」、および、「中央」のセグメントに適用して、「文字列」を、「Red」「Green」「Blue」と変えます。

画面 7.15 「第1」「第2」のセグメントも変更する

■「Label」の設定

「iPhoneの画面」において、「Label」の「サイズ」を、画面 7.16 に示すように、「正方形」に調整します。

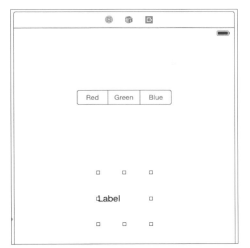

画面 7.16 「Label」の「サイズ」を「正方形」にする

＊

「Label」の「文字列」を「消去」します。

「ユーティリティ・エリア」に、「アトリビュート・インスペクタ」を開き、画面 7.17 に示すように、項目「Text」、第2行目の「テキスト・フィールド」の「文字列」を削除して、「ENTER」キーを押します。

第7章 セグメンテッド・コントロール Segmented Control

画面7.17 「Label」の「文字列」を「消去」

「iPhoneの画面」で、「Label」のテキストを削除しました。

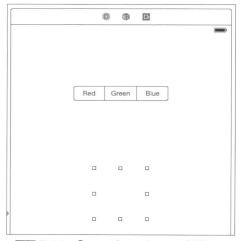

画面7.18 「Label」のテキストを削除した

■「アウトレット」の追加

「Segmented Control」および「Label」のアウトレットを作ります。

「アウトレットの名前」は、それぞれ、「mySegmentedControl」および「myLabel」とします。

[7.5] 選択

■「アクション」の追加

「iPhoneの画面」で「Segmented Control」を選択して、「コネクション・インスペクタ」を開きます。

「Sent Events」パネルで「Value Changed」右端の「〇記号」をマウスで捉えて、「ViewController.swift」に「ドラッグ＆ドロップ」。

画面7.19に示すように、「メニュー」が開くので、「Name」の「テキスト・フィールド」に、「valueChanged」と書き込んで、「Connect」ボタンをクリック。

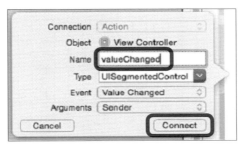

画面7.19　「Name」にアクションの名前を記入

＊

「ViewController.swift」に、**画面7.20**に示すように、プログラムを書き込みます。

```swift
import UIKit

class ViewController: UIViewController {

    @IBOutlet weak var mySegmentedControl: UISegmentedControl!
    @IBOutlet weak var myLabel: UILabel!
    override func viewDidLoad() {
        super.viewDidLoad()
        // Do any additional setup after loading the view, typically from a nib.
        myLabel.backgroundColor = UIColor.redColor()
    }

    override func didReceiveMemoryWarning() {
        super.didReceiveMemoryWarning()
        // Dispose of any resources that can be recreated.
    }

    @IBAction func valueChanged(sender: AnyObject) {
        let seg = mySegmentedControl.selectedSegmentIndex
        switch(seg) {
        case 0:
            myLabel.backgroundColor = UIColor.redColor()
        case 1:
            myLabel.backgroundColor = UIColor.greenColor()
        case 2:
            myLabel.backgroundColor = UIColor.blueColor()
        default:
            println("default")
        }
    }
}
```

画面7.20　「ViewController.swift」のプログラム　　　　[mySegmentedControl2]

第7章 セグメンテッド・コントロール Segmented Control

■ プログラム実行

「プロジェクト」を「ビルド」して「実行」します。

「Segmented Control」の各セグメントをクリックすると、「Label」の「色」が、画面 7.21 に示すように変わります。

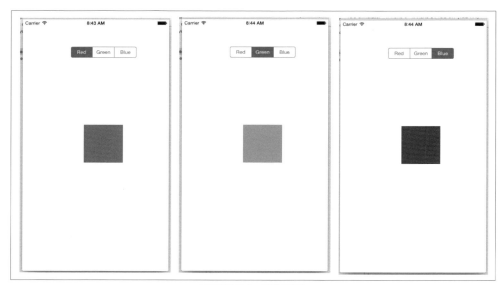

画面 7.21　実行画面

第8章

ステッパ Stepper

> 「UIControl」のコンポーネント、「Stepper」を使って、
> プログラムを作ります。
> 「Stepper」は、「数」をステップ状に増減して出力する、
> コントロールです。

8.1 プロジェクトの作成

[1] 「Xcode」を開きます。

[2] 新規に、「プロジェクト」を作ります。
「プロジェクトの名前」を、「myStepper」とします。

[3] 「オブジェクト・ライブラリ」をスクロールして、**画面 8.1** に示すように、「Stepper」を捉えて、「iPhone の画面」に「ドラッグ＆ドロップ」。

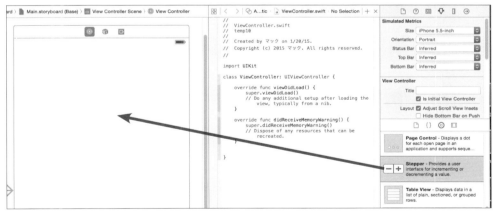

画面 8.1 「Stepper」を「ドラッグ＆ドロップ」

■ プログラム実行

この段階で、「プロジェクト」を「ビルド」して「実行」します。

＊

画面 8.2 に示すように、「iPhone の画面」に、「Stepper」があります。

93

第8章 ステッパ Stepper

画面 8.2　実行画面

＊

「Stop」ボタンを押して、プログラムの実行を終了します。

8.2　アトリビュート

「Xcode」に戻ります。

「iPhone の画面」で、「Stepper」をクリックして選択し、**画面 8.3** に示すように、「アトリビュート・インスペクタ」を開きます。

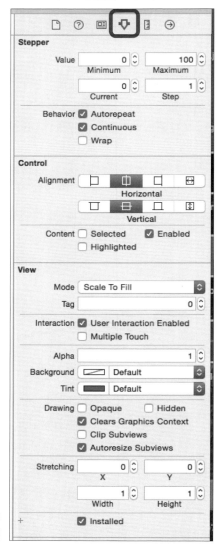

画面 8.3　「Stepper」の「アトリビュート・インスペクタ」

[8.2] アトリビュート

「画面」の「最初の行」の「Value」において、「初期値」は、

```
Minimum = 0
Maximum = 100
Current = 0
Step = 1
```

と、設定しています。

■「アウトレット」の追加

「ユーティリティ・エリア」で「コネクション・インスペクタ」を開きます。
「Referencing Outlets」の「New Referencing Outlet」右端の「○」をマウスで捕えて、「ViewController.swift」に「ドラッグ&ドロップ」。

画面に示すように、「Connection」メニューが開くので、「Name」の「テキスト・フィールド」に、「myStepper」と記入して、「Connect」ボタンをクリック。

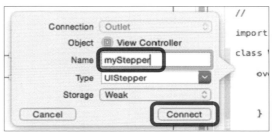

画面 8.4 「Name」に「アウトレットの名前」を記入

■「アクション」の追加

「コネクション・インスペクタ」の「Sent Events」セクションにおいて、「Value Changed」を捉えて、「ViewController.swift」に「ドラッグ&ドロップ」。

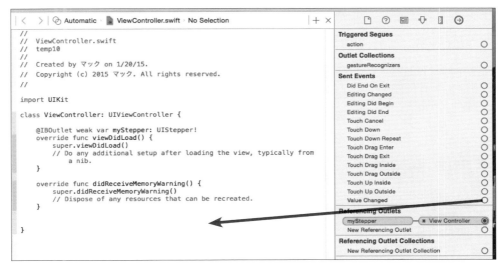

画面 8.5 「Value Changed」を「ViewController.swift」に「ドラッグ&ドロップ」

第8章 ステッパ Stepper

「Connection」メニューが開くので、画面に示すように、「Name」の「テキスト・フィールド」に、「stepperValueChanged」と記入して、「Connect」ボタンをクリック。

画面 8.6 「Name」に関数名を記入

「コネクション・インスペクタ」は、2つの接続を表示します。

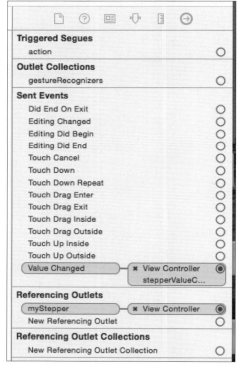

画面 8.7 コネクション・インスペクタ

■ プログラムの追加

関数「stepperValueChanged」のプログラムを書き込みます。

画面 8.8 に示すように、「Stepper」の値を、「デバッグ・エリア」にプリントするセンテンスを書きます。

[8.2] アトリビュート

```
import UIKit

class ViewController: UIViewController {

    @IBOutlet weak var myStepper: UIStepper!
    override func viewDidLoad() {
        super.viewDidLoad()
        // Do any additional setup after loading the view, typically from
            a nib.
    }

    override func didReceiveMemoryWarning() {
        super.didReceiveMemoryWarning()
        // Dispose of any resources that can be recreated.
    }

    @IBAction func stepperValueChanged(sender: AnyObject) {
        println("\(myStepper.value)")
    }
}
```
画面 8.8 「ViewController.swift」のプログラム　　　　　　　　　　　　[Stepper]

「Stepper」の値を、「デバッグ・エリア」に、プリントします。

■ **プログラム実行**

「プロジェクト」を「ビルド」します。
「ビルド」は成功します。

「プログラム」を「実行」します。

　　　　　　　　　　　　　　＊

画面 8.9に示すように、「初期画面」が開きます。

画面 8.9　初期画面

　　　　　　　　　　　　　　＊

「Stepper」の「＋記号」を、マウスでクリック。

「デバッグ・エリア」に、「1.0」とプリントします。

　続けて、「＋」をクリックすると、こんどは「2.0」、次に「－」をクリック
すると「1.0」、次に「－」をクリックすると「0.0」、とプリントします。

画面 8.10　デバッグ・エリア

97

第8章 ステッパ Stepper

「Stepper」の値が「0.0」になった状態で、「Stepper」の「-」をクリックしても、「イベント」は発生しません。

「Stepper」の「アトリビュート」の「Value」「Minimum」値を「0」に設定したので、「0」を越えて「マイナス」の値には入りません。

8.3 数値に関する実験

「Stepper」に対して、「設定する数値」に関して、「実験」を行ないます。

「Stepper」のパネルにおいて、**画面8.11**に示すように、「Minimum」値を「-0.5」と設定し、「Maximum」値を「0.5」、「Current」値を「0」、「Step」の値を「0.1」と設定します。

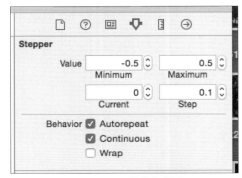

画面8.11　数値を変更

■ プログラム実行

「プロジェクト」を「ビルド」します。
「ビルド」は成功します。

「プログラム」を「実行」します。

*

「デバッグ・エリア」のプリントの一例を、**画面8.12**に示します。

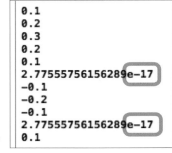

画面8.12　デバッグ・エリア

「Stepper」の「+記号」をクリックすると、「数値」は「増加」します。

「-記号」をクリックすると、「数値」は「減少」します。
「0」に戻ったときの値は、とても小さい値ですが、厳密に言うと、「0」ではありません。

第9章

デート・ピッカー Date Picker

> 「UIControl」のコンポーネント、「Date Picker」を使って、
> プログラムを作ります。
> 「Date Picker」は、「年、月、日、時刻、…」など、「日付」
> と「時刻」に関するデータを作る、コントロールです。

9.1 プロジェクトの作成

[1] 「Xcode」を開きます。

[2] 新規に、「プロジェクト」を作ります。
「プロジェクトの名前」を、「myDatePicker」とします。

[3] 「オブジェクト・ライブラリ」をスクロールし、「Date Picker」を捉えて、**画面 9.1**に示すように、「iPhoneの画面」に「ドラッグ＆ドロップ」。

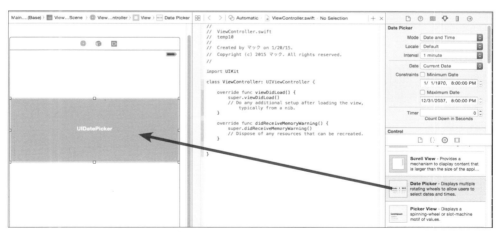

画面 9.1 「Date Picker」を「ドラッグ＆ドロップ」

■ プログラム実行

「プロジェクト」を「ビルド」して「実行」します。

画面 9.2 に示すように、「iPhoneの画面」に、「DatePicker」コントロールを表示します。

99

第9章　デート・ピッカー Date Picker

画面 9.2　実行画面

　文字列「Today」の右に、「現在時刻」（画面では、「2 時 46 分、午後」）をプリントします。

　「文字列」を上にスライドすると、**画面 9.3** に示すように、翌日のデータ、

木曜日、11 月、27 日、2 時、54 分、午後

に変わります。

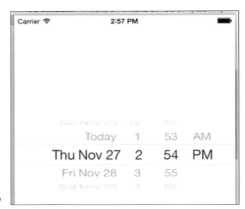

画面 9.3　「翌日のデータ」に変わる

　各々の項目、「時間、分、PM、AM」を、独立に変えることもできます。

　「DatePicker」は、「年、月、日、曜日、時刻」に関するデータを、画面操作で生成します。

9.2　表示のフォーマット

　「Xcode」の画面に戻ります。

　「iPhone の画面」において、「DatePicker」をクリックして選択し、**画面 9.4** に示すように、「ユーティリティ・エリア」に、「アトリビュート・インスペクタ」を開きます。

[9.2] 表示のフォーマット

画面 9.4　アトリビュート・インスペクタ

「Date Picker」のパネル「Mode」の「テキスト・フィールド」の「デフォルト値」は、

Date and Time

です。

「Mode」の「テキスト・フィールド」をクリックすると、**画面 9.5** に示すように、「4 個の選択肢」がポップアップします。

画面 9.5　「Mode」の 4 個の選択肢

101

第9章 デート・ピッカー Date Picker

選択肢は、4個、

- Time
- Date
- Date and Time
- Count Down Timer

です。

デフォルトは、「Date and Time」です。

それぞれの選択肢の選択画面を、**画面 9.6** に示します。

画面 9.6　各選択肢の画面

≪デフォルトの「Date and Time」の「フォーマット」≫

曜日 (Fri)、日付 (Nov 28)、時刻 (8 31 AM)

です。

≪「Time」の「フォーマット」≫

時刻 (8 48 AM)

です。これは、「Date and Time」の部分集合です。

≪「Date」の「フォーマット」≫

日付 (November 28)、年号 (2014)

です。「Date and Time」の「日付」に加えて、「西暦の年号」を表示します。

[9.3] イベント

≪「Count Down Timer」の「フォーマット」≫

時間 (8 hours)、分 (49 min)

です。

前の三者とは異なり、「日付」には関係ありません。

9.3　イベント

「DatePicker」の機能を調べます。

プロジェクト「myDatePicker」を、続けて使います。

■「アウトレット」の追加

「DatePicker」の「アウトレット」を作ります。

「iPhoneの画面」で「DatePicker」をクリックして選択。

「ユーティリティ・エリア」に、「コネクション・インスペクタ」を開いて、「New Reference Outlet」を「ViewController.swift」に「ドラッグ＆ドロップ」。

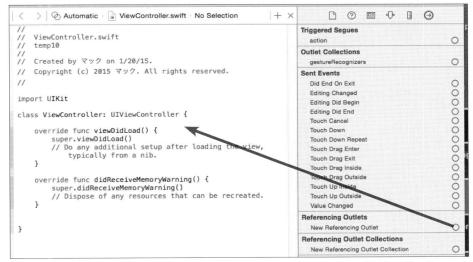

画面 9.7　「New Reference Outlet」を「ViewController.swift」に「ドラッグ＆ドロップ」

「Connection」メニューが開くので、名前は「myDatePicker」とします。

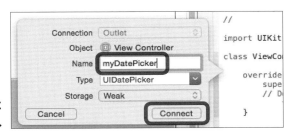

画面 9.8　「Name」に「アウトレットの名前」を記入

103

第9章 デート・ピッカー Date Picker

■「Button」の追加

「イベント」が必要なので、「Button」を1個、追加します。

「オブジェクト・ライブラリ」から、「iPhoneの画面」に「Button」を「ドラッグ＆ドロップ」。

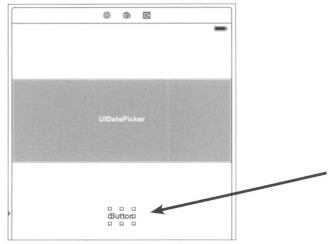

画面 9.9 「Button」を「ドラッグ＆ドロップ」

■「アウトレット」の追加

「Button」の「アウトレット」を作ります。

「ユーティリティ・エリア」に、「コネクション・インスペクタ」を開いて、「New Reference Outlet」を「ViewController.swift」に「ドラッグ＆ドロップ」。

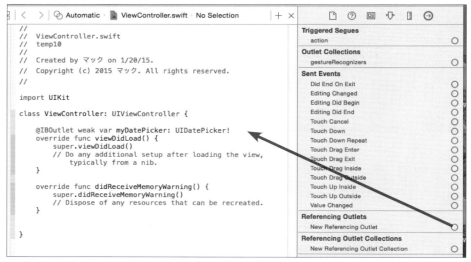

画面 9.10 「New Reference Outlet」を「ViewController.swift」に「ドラッグ＆ドロップ」

[9.3] イベント

「Connection」メニューが開くので、名前は「myButton」とします。

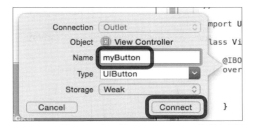

画面9.11 「Name」に「アウトレットの名前」を記入

■「アクション」の追加

「Button」の「イベント」を作ります。

「コネクション・インスペクタ」を開いて、「touchDown」を、「ViewController.swift」に「ドラッグ＆ドロップ」。

「Connection」メニューが開くので、名前は「touchDown」とします。

操作後の「コネクション・インスペクタ」の状態を、画面9.12に示します。

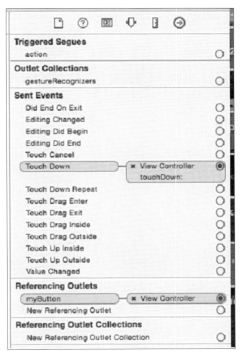

画面9.12 コネクション・インスペクタ

「ViewController」クラスに、関数「touchDown」の「スケルトン」を生成しています。

この関数内に、画面9.13に示すように、「Date Picker」の内容をプリントするセンテンスを書き込みます。

105

第9章 デート・ピッカー Date Picker

```
import UIKit

class ViewController: UIViewController {

    @IBOutlet weak var myDatePicker: UIDatePicker!
    @IBOutlet weak var myButton: UIButton!
    override func viewDidLoad() {
        super.viewDidLoad()
        // Do any additional setup after loading the view,
            typically from a nib.
    }

    override func didReceiveMemoryWarning() {
        super.didReceiveMemoryWarning()
        // Dispose of any resources that can be recreated.
    }

    @IBAction func touchDown(sender: AnyObject) {
        println(myDatePicker.date)
    }
}
```

画面 9.13 「ViewController.swift」のプログラム　[myDatePicker]

*

「DatePicker」の「date」プロパティを、プリントします。

■ プログラム実行

「プロジェクト」を「ビルド」します。
「ビルド」は成功します。

「プロジェクト」を「実行」します。

*

画面 9.14 に示すように、「iPhone の画面」が開きます。

画面 9.14　実行画面

「画面」で、「Button」をタップします。
「デバッグ・エリア」に、画面 9.15 に示すように、「文字列」をプリントします。

画面 9.15　デバッグ・エリア

106

[9.4] 時差の処理

| 9.4 | 時差の処理 |

「デバッグ・エリア」にプリントした「文字列」は、「iPhone の画面」の「文字列」
と異なります。

「時刻の表示」において、

「分」の値は一致

するけれども、

「時間」の値は、異なり

ます。

「時差」を考慮しています。

*

「プログラム」を追加します。

画面9.16に示すように、関数「NSDateFormatter」を使います。

```swift
import UIKit

class ViewController: UIViewController {

    @IBOutlet weak var myDatePicker: UIDatePicker!
    @IBOutlet weak var myButton: UIButton!
    override func viewDidLoad() {
        super.viewDidLoad()
        // Do any additional setup after loading the view,
            typically from a nib.
    }

    override func didReceiveMemoryWarning() {
        super.didReceiveMemoryWarning()
        // Dispose of any resources that can be recreated.
    }

    @IBAction func touchDown(sender: AnyObject) {
        println(myDatePicker.date)
        let ds = NSDateFormatter()
        ds.dateFormat = "yyyy/MM/dd HH:mm:ss"
        println(ds.stringFromDate(myDatePicker.date))
    }
}
```

画面9.16 「ViewController.swift」のプログラム

■ プログラム実行

「プロジェクト」を「ビルド」して「実行」します。

画面9.17に示すように、「iPhone の画面」が開きます。

107

第9章 デート・ピッカー Date Picker

画面 9.17　実行画面

＊

「Button」をクリックします。

「デバッグ・エリア」に、画面 9.18 に示すように、「文字列」をプリントします。

```
2014-11-27 22:39:07 +0000
2014/11/28 07:39:07
```
画面 9.18　デバッグ・エリア

「フォーマッタ」を介して、「標準時刻」を「ローカルな時刻」(すなわち、「我が国の時刻」)に、変更しました。

9.5　「日付データ」の保存

新規に、「プロジェクト」を作ります。

「iPhone の画面」に、「Date Picker」と、「Button」2 個を貼り付けます。

「ボタン」をタップすると、「DatePicker」の内容を保存します。

別の「ボタン」をタップすると、「DatePicker」の「表示」を、「保存した表示」に戻すプログラムを作ります。

■ プロジェクトの作成

「Xcode」を開きます。

「プロジェクトの名前」を、「myDatePicker2」とします。

＊

「オブジェクト・ライブラリ」から、「DatePicker」を 1 個と、「Button」を 2 個、「iPhone の画面」に「ドラッグ＆ドロップ」。

108

[9.5]「日付データ」の保存

■ コントロールの設定

「アトリビュート・インスペクタ」を開きます。

「DatePicker」の「Mode」は、「デフォルト」の「Date and Time」とします。

「Button」の「ラベル」は、それぞれ、「Store」「Return」と書き変えます。

画面 9.19　コントロールの配置と設定

■「アウトレット」と「アクション」の追加

「コネクション・インスペクタ」を開いて、「コントロールのアウトレット」を作ります。

＊

2個の「Button」、それぞれにおいて、「touchDown」アクションを作ります。

「アクションの名前」は、それぞれ、

- storeTouchDown
- returnTouchdown

とします。

「ViewController.swift」に、「プログラム」を、画面 9.20 に示すように書き込みます。

第9章 デート・ピッカー Date Picker

```swift
import UIKit

class ViewController: UIViewController {

    @IBOutlet weak var myDatePicker: UIDatePicker!
    @IBOutlet weak var storeButton: UIButton!
    @IBOutlet weak var returnButton: UIButton!
    var d: NSDate!
    override func viewDidLoad() {
        super.viewDidLoad()
        // Do any additional setup after loading the view, typically from a nib.
        d = myDatePicker.date
    }

    override func didReceiveMemoryWarning() {
        super.didReceiveMemoryWarning()
        // Dispose of any resources that can be recreated.
    }

    @IBAction func storeTouchDown(sender: UIButton) {
        d = myDatePicker.date
    }

    @IBAction func returnTouchDown(sender: UIButton) {
        myDatePicker.setDate(d, animated: true)
    }
}
```

画面 9.20 「ViewController.swift」のプログラム　　　　　　　　　　[myDatePicker2]

■ プログラム解説

プログラムの説明をします。

「NSDate 型」のデータを保存する領域「d」を確保、

```
var d: NSDate
```

します。

「Store」ボタンを押すと、「その時刻」のデータを、

```
d = myDatePicker.date
```

で記録します。

　データが空白になるのを避けるために、「プログラムのスタート時」にも記録します。

「Return」ボタンを押すと、「記録したデータ」を「Date Picker」に戻します。

■ プログラム実行

「プロジェクト」を「ビルド」します。
「ビルド」は成功します。

「プログラム」を実行します。

*

画面 9.21 の左に示すように、「初期画面」が開きます。

110

[9.5]「日付データ」の保存

画面9.21　初期画面

「DatePicker」にタッチして、画面9.21の右に示すように、データを変えます。

「Return」ボタンをタップします。

「DatePicker」の表示は、「左」へ戻ります。
「Store」ボタンに関しても、同じ結果を得ます。

111

第3部

ビュー

ここでは、さまざまなビューを使ったアプリを作成します。

*

- アクティビティ・インディケータ・ビュー Activity Indicator View
- プログレス・ビュー Progress View
- ピッカー・ビュー Picker View
- テキスト・ビュー Text View
- ファイル File

第10章

アクティビティ・インディケータ・ビュー
Activity Indicator View

> 「UIControl」のコンポーネント、「Activity Indicator View」を使って、プログラムを作ります。
> 「Activity Indicator View」は、仕事の進行中を表示する、「ビュー」です。

10.1　プロジェクトの作成

[1]　「Xcode」を開きます。

[2]　新規に、「プロジェクト」を作ります。
　　「プロジェクトの名前」を、「myActivityIndicator」とします。

[3]　「オブジェクト・ライブラリ」をスクロールして、画面10.1に示すように、「Activity Indicator View」を捉えて、「iPhoneの画面」に「ドラッグ&ドロップ」。

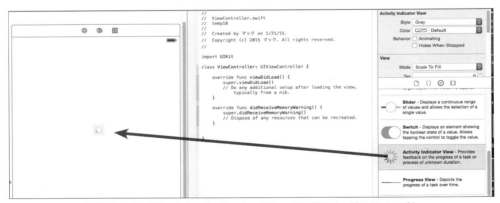

画面10.1　「Activity Indicator View」を「ドラッグ&ドロップ」

■ プログラム実行

「プロジェクト」を「ビルド」して「実行」します。

　画面10.2に示すように、「iPhoneの画面」に、「Activity Indicator View」を表示します。

114

[10.2] スタイル

画面 10.2　実行画面

「Activity Indicator View」は、「回転」します。

「プログラムの実行」を停止して、「Xcode」に戻ります。

10.2　スタイル

「Activity Indicator View」のスタイルを調べます。

＊

「iPhone の画面」において、「Activity Indicator View」をクリックして選択。

「ユーティリティ・エリア」において、「アトリビュート・インスペクタ」を開きます。

画面 10.3 に示すように、「Activity Indicator View」パネルの「Style」をクリックします。

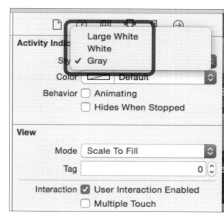

画面 10.3
「Style」をクリック

3つの「スタイル」、

- Large White
- White
- Gray

が、あります。

「デフォルト」は「Gray」です。

「White」と「Gray」のサイズは「小」で、「Large White」のサイズは「大」です。

「White」を使う場合は、「背景色」を「白色」以外に設定します。

第10章 アクティビティ・インディケータ・ビュー Activity Indicator View

10.3 「回転動作」の「スタート」と「ストップ」

「プログラム」を「スタート」すると、「Activity Indicator View」は、「動作をスタート」して、「一定時刻」経過したとき、「動作をストップ」するプログラムを作ります。

「時刻の経過」を知るために、「タイマー」を使います。

「ViewController.swift」に、**画面 10.4** に示すように、プログラムを書き込みます。

```
import UIKit

class ViewController: UIViewController {

    @IBOutlet weak var myActivityIndicator: UIActivityIndicatorView!
    var mytimer: NSTimer?
    override func viewDidLoad() {
        super.viewDidLoad()
        // Do any additional setup after loading the view, typically from a nib.
        mytimer = NSTimer.scheduledTimerWithTimeInterval(30.0, target: self, selector:
            "onTime:", userInfo: nil, repeats: false)
        println("started")
        myActivityIndicator.startAnimating()
    }

    override func didReceiveMemoryWarning() {
        super.didReceiveMemoryWarning()
        // Dispose of any resources that can be recreated.
    }

    func onTime(timer: NSTimer) {
        myActivityIndicator.stopAnimating()
        mytimer?.invalidate()
        println("stopped")
    }
}
```

画面 10.4　「ViewController.swift」のプログラム　　　　　　　　[myActivityIndicator]

■ プログラム解説

プログラムの説明をします。

          ＊

「タイマー」を使うので、「タイマー・オブジェクト」の「mytimer」を生成します。

```
    var mytimer: NSTimer?
```

プログラムの「viewDidLoad」において、「タイマー・オブジェクト」を初期化します。

「NSTimer」クラスの「scheduledTimerWithTimeInterval」メソッドを使います。

「メソッド」の「引数」は、

- 時間間隔(秒単位)
- 呼び出すメソッドの名前
- ユーザー情報
- リピート

です。

[10.3]「回転動作」の「スタート」と「ストップ」

ここでは、「リピート」を「false」と設定しました。
関数「onTime」を、1回、呼び出して、終了します。

*

「Activity Indicator View」の動作をスタートします。

「タイマーの設定時刻」(ここでは、「30秒」)が経過すると、関数「onTime」を呼び
出します。
ここでは、タイマーの動作を「ストップ」、

```
    myActivityIndicator.stopAnimating
```

して、使用ずみの「タイマー・オブジェクト」を破棄、

```
    myTimer?.invalidate()
```

します。

■ プログラム実行

「プロジェクト」を「ビルド」します。
「ビルド」は成功します。

「プログラム」を「実行」します。

*

「初期画面」が開きます。
「Activity Indicator」は「回転動作」を始め、30秒後に「動作を停止」します。

書籍の画面で、動作の継続を示すことは、できません。

プログラムの開始と同時に、「デバッグ・エリア」に、**画面 10.5** に示すように、
プリントします。

```
started
```

画面 10.5　デバッグ・エリア

「Activity Indicator」の動作が停止すると、**画面 10.6** に示すように、プリントし
ます。

```
started
stopped
```

画面 10.6　デバッグ・エリア

117

第11章
プログレス・ビュー Progress View

> 「UIControl」のコンポーネント、「Progress View」を使って、
> プログラムを作ります。
> 「Progress View」は、「仕事の進行」を「バーの伸縮」によって
> 表示する、「ビュー」です。

11.1　プロジェクトの作成

[1]　「Xcode」を開きます。

[2]　新規に、「プロジェクト」を作ります。
　　「プロジェクトの名前」を、「myProgressView」とします。

[3]　「オブジェクト・ライブラリ」で、**画面 11.1** に示すように、「Progress View」を捉えて、「iPhone の画面」に「ドラッグ＆ドロップ」。

画面 11.1　「Progress View」を「ドラッグ＆ドロップ」

■「アウトレット」の追加

「アウトレット」を作ります。

[1]　「iPhone の画面」で、「Progress View」をクリックして、選択します。

[2]　「コネクション・インスペクタ」を開いて、**画面 11.2** に示すように、「New Referencing Outlet」を「ViewController.swift」に「ドラッグ＆ドロップ」。

[11.1] プロジェクトの作成

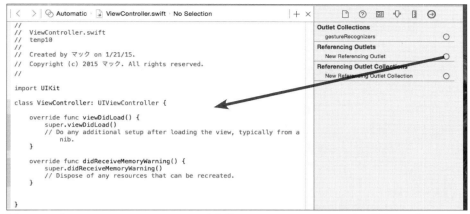

画面 11.2 「New Referencing Outlet」を「ViewController.swift」に「ドラッグ＆ドロップ」

[3]「Connection」メニューが開くので、**画面 11.3** に示すように、「Name」の「テキスト・フィールド」に、「名前」（ここでは、「myProgressView」としている）を記入して、「Connect」ボタンをクリック。

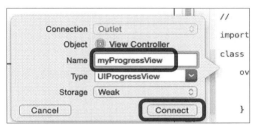

画面 11.3 「Name」に「アウトレットの名前」を記入

■ プログラム実行

「プロジェクト」を「ビルド」します。
「ビルド」は成功します。

「プログラム」を「実行」します。

*

画面 11.4 に示すように、「初期画面」が開きます。

画面 11.4 初期画面

119

第11章 プログレス・ビュー Progress View

11.2 「バーの長さ」の設定

デフォルトの設定では、「バー」は、「中央」(数値で言えば、「0.5」の場所)にあります。

「バーの長さ」を変更します。
「バーの値」を「0」にします。
画面11.5に示すように、「viewDidLoad」セクションに、「バーの長さ」を指定するセンテンスを書き込みます。

```
import UIKit

class ViewController: UIViewController {

    @IBOutlet weak var myProgressView: UIProgressView!
    override func viewDidLoad() {
        super.viewDidLoad()
        // Do any additional setup after loading the view, typically from a nib.
        myProgressView.progress = 0
    }

    override func didReceiveMemoryWarning() {
        super.didReceiveMemoryWarning()
        // Dispose of any resources that can be recreated.
    }

}
```

画面11.5 「viewDidLoad」で「バーの長さ」を指定

■ プログラム実行

「プロジェクト」を「ビルド」します。
「ビルド」は成功します。

「プログラム」を「実行」します。

＊

画面11.6に示すように、「バーの初期の長さ」を「0」にしました。

画面11.6 実行画面

11.3 「バーの長さ」の更新

「ボタン」を押したときに、「バーの長さ」を延長するプログラムを作ります。

■「Button」の追加

「myProgressView」のプロジェクトに、「Button」を追加します。
「オブジェクト・ライブラリ」から、「Button」を、「iPhoneの画面」に「ドラッグ＆ドロップ」。
「ボタン」の「テキスト」を、「Button」から「Start」に書き換えます。

■「アウトレット」の追加

「Button」の「アウトレット」を作ります。
「コネクション・インスペクタ」を開いて、「New Reference Outlet」を、「ViewController.swift」に「ドラッグ＆ドロップ」。

画面11.7に示すように、「Connection」メニューが開くので、「Name」の「テキスト・フィールド」に「myButton」と書き込んで、「Connect」ボタンをクリック。

画面11.7 「Name」に「アウトレットの名前」を記入

■「アクション」の追加

「ボタン」をクリックしたときに発生する「イベント」の処理プログラムを作ります。

「Button」の「コネクション・インスペクタ」を開きます。
「Sent Events」セクションにおいて、「touchDown」を捉えて、「ViewController.swift」に「ドラッグ＆ドロップ」。

画面11.8に示すように、「Connection」メニューが開くので、「Name」の「テキスト・フィールド」に「touchDown」と記入し、「Type」の「テキスト・フィールド」は「UIButton」を選択して、「Connect」ボタンをクリックします。

第11章 プログレス・ビュー Progress View

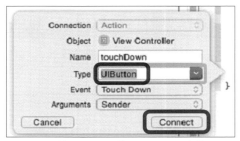

画面 11.8　「Name」に「アクションの名前」を記入

「ViewController.swift」に、関数「touchDown」が作られるので、ここに**画面 11.9**に示すように、センテンスを書き込みます。

```swift
import UIKit

class ViewController: UIViewController {

    @IBOutlet weak var myProgressView: UIProgressView!
    @IBOutlet weak var myButton: UIButton!
    override func viewDidLoad() {
        super.viewDidLoad()
        // Do any additional setup after loading the view, typically from a nib.
        myProgressView.progress = 0
    }

    override func didReceiveMemoryWarning() {
        super.didReceiveMemoryWarning()
        // Dispose of any resources that can be recreated.
    }

    @IBAction func touchDown(sender: AnyObject) {
        myProgressView.setProgress(0.9, animated: true)
    }
}
```

画面 11.9　「ViewController.swift」のプログラム　　　　　　　　　　[myProgressView]

「Progress View」の「setProgress」メソッドを使って、「バー」を「0.9」のポジションに延長します。

「延長の動作」に、アニメーションを付けています。

■ プログラム実行

「プロジェクト」を「ビルド」します。
「ビルド」は成功します。

「プログラム」を「実行」します。

　　　　　＊

「初期画面」が開きます。

画面 11.10　初期画面

122

「Start」ボタンをタップします。

画面 11.11 に示すように、「Progress View」の「バー」が延びます。

画面 11.11　「Start」ボタンをタップすると「バー」が延びる

「バー」に対して「アニメーション」を「true」にすると、「バーの延長」は、「ステップ・ワイズ」(段階的)に延長します。

「アニメーション」を「false」に設定すると、「バー」は、目標値まで一気に延長します。

「バー」の動きを書籍で示すことができないので、皆さんは、実機で観察してください。

11.4　「バー」の伸縮

「Progress View」の動作をコントロールするために、8章で使ったコントロール、「Stepper」を使います。

＊

[1]　新規に、「プロジェクト」を作ります。
　　「プロジェクトの名前」を、「myProgressView2」とします。

[2]　「オブジェクト・ライブラリ」から、画面 11.12 に示すように、「Progress View」と「Stepper」を「ドラッグ&ドロップ」。

画面 11.12　「Progress View」と「Stepper」を「ドラッグ&ドロップ」

第11章 プログレス・ビュー Progress View

■「アウトレット」の追加

「Progress View」のアウトレット「myProgressView」を、前の「プロジェクト」と同じ手順で作ります。

*

続いて、「Stepper」のアウトレットを作ります。

「コネクション・インスペクタ」を開いて、「アウトレット」を「ViewController.swift」に「ドラッグ＆ドロップ」。
名前は、「myStepper」とします。

*

「Stepper」のアトリビュートを設定します。

「Stepper」を選択した状態で、「アトリビュート・インスペクタ」を開きます。

画面 11.13 に示すように、「Stepper」セクションで、「Value、Maximum」の「テキスト・フィールド」の値を、「デフォルト」の「100」から「10」に変更します。

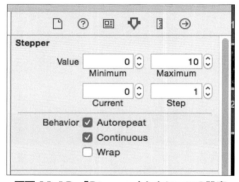

画面 11.13 「Stepper」セクションの設定

■「アクション」の追加

「Stepper」をタップした際に起動する「イベント」を作ります。

「コネクション・インスペクタ」を開きます。
「Sent Events」セクションの「valueChanged」を捉えて、「ViewController.swift」に「ドラッグ＆ドロップ」。

「コネクション」メニューが開きます。
関数の名前は、「valueChanged」とします。

「ViewController.swift」に、以下のプログラムを書き込みます。

[11.4]「バー」の伸縮

```swift
import UIKit

class ViewController: UIViewController {

    @IBOutlet weak var myProgressView: UIProgressView!
    @IBOutlet weak var myStepper: UIStepper!
    override func viewDidLoad() {
        super.viewDidLoad()
        // Do any additional setup after loading the view, typically from a
        nib.
        myProgressView.progress = 0
    }

    override func didReceiveMemoryWarning() {
        super.didReceiveMemoryWarning()
        // Dispose of any resources that can be recreated.
    }

    @IBAction func valueChanged(sender: AnyObject) {
        myProgressView.setProgress(Float(myStepper.value / myStepper.
            maximumValue), animated: true)
    }
}
```

画面 11.14 「ViewController.swift」のプログラム　　　　　**[myProgressView 2]**

■ プログラム解説

プログラムの説明をします。

＊

「Stepper」で、「＋」または「－」記号をタップすると、「valueChanged」を呼び出します。

「アトリビュート・インスペクタ」で、「Stepper」の初期値は「0」に設定し、「ステップ」は「1」に、「最大値」は「10」に、「最小値」は「0」に設定しました。

「Stepper」の「現在値」は「プロパティ」の「value」で、「全長」は「プロパティ」の「maximumValue」です。

これらの「値」を取得して「比」を計算すると、これは「バーの長さ」になります。「Stepper」の「setProgress」メソッドは、「引数」に「Float」を要求するので、「計算結果」を「Float」に変換します。

■ プログラム実行

「プロジェクト」を「ビルド」します。
「ビルド」は成功します。

「プログラム」を「実行」します。

125

第11章 プログレス・ビュー Progress View

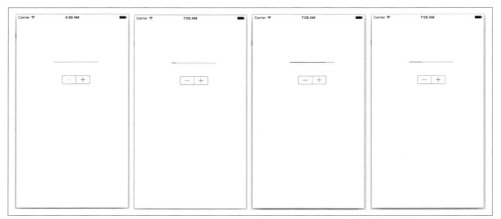

画面 11.15　実行例（左から右）

＊

「左端の画面」が開きます。

＊

「Stepper」の「＋」記号をタップします。

「左から2番目の画面」に変わります。
「バー」は、「全長の $\frac{1}{10}$ 」の場所に延びます。

＊

「Stepper」の「＋」記号を、数回、タップします。

「左から3番目の画面」に変わります。

＊

「Stepper」の「－」記号を、数回、タップします。
「右端の画面」に変わります。

第12章

ピッカー・ビュー Picker View

> 「UIControl」のコンポーネント、「Picker View」を使って、
> プログラムを作ります。
> 「Picker View」は、「単語の配列」から「一つの単語」を
> ピックアップする、「ビュー」です。

12.1 プロジェクトの作成

[1] 「Xcode」を開きます。

[2] 新規に、「プロジェクト」を作ります。
「プロジェクトの名前」を、「myPickerView」とします。

[3] 「オブジェクト・ライブラリ」から、**画面 12.1** に示すように、「Picker View」を「iPhone の画面」に「ドラッグ＆ドロップ」。

画面 12.1 「Picker View」を「ドラッグ＆ドロップ」

「Picker View」の表示は、「Date Picker」（9 章）の表示に似ています。

■「アウトレット」の追加

「Picker View」の「アウトレット」を作ります。

＊

[1] 「コネクション・インスペクタ」を開きます。

[2] 「Referencing Outlets」セクションの、「New Referencing Outlet」右端の「○記号」をマウスで捉えて、「ViewController.swift」に「ドラッグ＆ドロップ」。

127

第12章 ピッカー・ビュー Picker View

[3]「Connection」メニューが開くので、「Name」の「テキスト・フィールド」に、「名前」（ここでは、「myPickerView」としている）を書き込んで、「Connect」ボタンをクリックします。

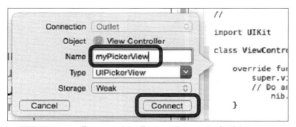

画面 12.2 「Name」に「アウトレットの名前」を記入

*

画面 12.3 に示すように、「Picker View」の「アウトレット」を作りました。

```
import UIKit

class ViewController: UIViewController {

    @IBOutlet weak var myPickerView: UIPickerView!
    override func viewDidLoad() {
        super.viewDidLoad()
        // Do any additional setup after loading the view, typically from a nib.
    }

    override func didReceiveMemoryWarning() {
        super.didReceiveMemoryWarning()
        // Dispose of any resources that can be recreated.
    }

}
```

画面 12.3 「Picker View」の「アウトレット」

■ プログラム実行

「プロジェクト」を「ビルド」して「実行」します。

「白紙の画面」が開きます。
この状態では、画面に「Picker View」は現われません。

■ プログラムの追加

「Picker View」を描画するために、「ViewController.swift」に「プログラム」を追加します。

*

「ViewController.swift」に対して、画面 12.4 に示すように、プログラムを書きます。

[12.1] プロジェクトの作成

```swift
import UIKit

class ViewController: UIViewController {

    @IBOutlet weak var myPickerView: UIPickerView!
    var mylist = ["Mountain View", "Sunnyvale", "Cupertino", "Santa Clara", "San
        Jose", "Tokyo"]
    override func viewDidLoad() {
        super.viewDidLoad()
        // Do any additional setup after loading the view, typically from a nib.
    }

    override func didReceiveMemoryWarning() {
        super.didReceiveMemoryWarning()
        // Dispose of any resources that can be recreated.
    }

    func numberOfComponentsInPickerView(pickerView: UIPickerView) -> Int {
        return 1
    }

    func pickerView(pickerView: UIPickerView, numberOfRowsInComponent component: Int)
        -> Int {
        return mylist.count
    }

    func pickerView(pickerView: UIPickerView, titleForRow row: Int, forComponent
        component: Int) -> String {
        return mylist[row]
    }

    func pickerView(pickerView: UIPickerView, didSelectRow row: Int, inComponent
        component: Int) {
        println("selected, \(row),and \(mylist[row])")
    }

}
```

画面 12.4 「ViewController.swift」のプログラム 　　　　　　　　　　　　　　　**[myPickerView]**

■ プログラム解説

　プログラムの説明をします。

*

　まず、「Picker View」に表示するデータを用意します。
　ここでは、「myList」という名前の「配列」を使います。

*

　次に、「Picker View」を描画する際に、「プログラムから呼ばれる関数」を作ります。

*

　関数「numberOfComponentsInPickerView」は、「Picker View」の「コンポーネント数」を返します。
　ここで使う配列「myList」は、「1 次元の配列」なので、「1」を返します。

*

　関数「pickerView(pickerView: UIPickerView, numberOfRowsInComponent component: Int)」は、各「コンポーネント」における「要素数」を返します。

　ここで使っている「配列」の「コンポーネント数」は「1」なので、配列「myList」の要素数、すなわち、「myList.count」、「数字」で言えば「6」を返します。

129

第12章 ピッカー・ビュー Picker View

注意

「コンポーネント」における「順番」は、「Row」という名前です。

＊

関数「pickerView(pickerView: UIPickerView, titleForRow row: Int, forComponent component: Int)」は、「Row」と「コンポーネント数」を指定して、「配列の要素」、すなわち、「文字列」を返します。

＊

関数「pickerView(pickerView: UIPickerView, didSelectRow row: Int, forComponent component: Int)」は、「Row」と「コンポーネント数」を引数として、仕事をする関数です。

ここには、プログラムを書き込みます。

■「アウトレット」の追加

[1] 必要な「クラス」を「プロジェクト」に追加します。
「コネクション・インスペクタ」を開きます。

[2] 「Outlets」セクションに、

- dataSource
- delegate

があります。
右端の「○記号」をマウスで捉えて、「iPhoneの画面」の「ViewControllerの記号」(画面赤枠)に「ドラッグ＆ドロップ」します。

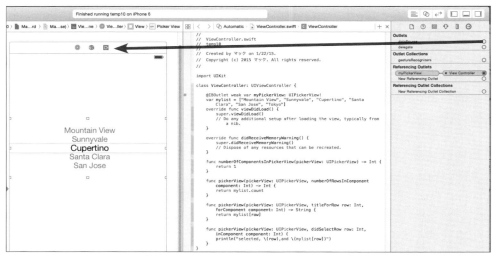

画面 12.5 「dataSource」「delegate」を「ドラッグ＆ドロップ」

130

[12.1] プロジェクトの作成

> **注意**
> 画面12.5では、「dataSource」に対する操作を示しています。
> 同じ操作を「delegate」に対しても行ないます。

「Picker View」の「コネクション・インスペクタ」は、画面12.6に示すように、「クラス」の組み込みを示します。

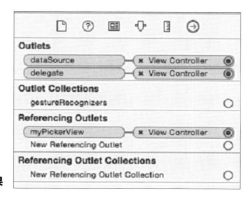

画面12.6 「ドラッグ＆ドロップ」した結果

■ プログラム実行

「プロジェクト」を「ビルド」します。
「ビルド」は成功します。

「プログラム」を「実行」します。

＊

「初期画面」が開きます。

画面12.7 初期画面

「コントロール」の「文字列」を、上方向に移動します

画面12.8に示すように、「Santa Clara」を表示したところで、移動をストップします。

画面12.8 「Santa Clara」を表示したところ

「Xcode」の「デバッグ・エリア」に、画面12.9に示すように「プリント」します。

131

第12章 ピッカー・ビュー Picker View

```
selected, 3,and Santa Clara
```
画面 12.9　デバッグ・エリア

続けて、画面 12.10 に示すように、「Picker View」を、上方向にスライドして、「Tokyo」を表示します。

画面 12.10　「Tokyo」を表示

「デバッグ・エリア」に、「文字列」を「プリント」します。

```
selected, 5,and Tokyo
```
画面 12.11　デバッグ・エリア

12.2　複数の「コンポーネント」

2組の「コンポーネント」を与えて、各「コンポーネント」から、独立に「文字列」を選択するプログラムを作ります。

＊

新規に、「プロジェクト」を作ります。
「プロジェクトの名前」を、「myPickerView2」とします。

プロジェクト「myPickerView」と同じ操作を行なって、「iPhoneの画面」に、「Picker View」コントロールを貼り付けます。

＊

「ViewController.swift」に、画面 12.12 のプログラムを書き込みます。

```swift
import UIKit

class ViewController: UIViewController {

    @IBOutlet weak var myPickerView: UIPickerView!
    var mylist = [["cat", "dog", "tiger"], ["snake", "lion", "wolf","mouse"]]
    override func viewDidLoad() {
        super.viewDidLoad()
        // Do any additional setup after loading the view, typically from a nib.
        println(numberOfComponentsInPickerView(myPickerView))
        println("\(mylist[0].count), \(mylist[1].count)")
    }

    override func didReceiveMemoryWarning() {
        super.didReceiveMemoryWarning()
```

[12.2] 複数の「コンポーネント」

```
        // Dispose of any resources that can be recreated.
    }
    func numberOfComponentsInPickerView(pickerView: UIPickerView) -> Int {
        return mylist.count
    }

    func pickerView(pickerView: UIPickerView, numberOfRowsInComponent component: Int) ->
        Int {
        return mylist[component].count
    }

    func pickerView(pickerView: UIPickerView, titleForRow row: Int, forComponent
        component: Int) -> String {
        return mylist[component][row]
    }

    func pickerView(pickerView: UIPickerView, didSelectRow row: Int, inComponent
        component: Int) {
        println("selected, \(row + 1), \(component + 1), and \(mylist[component][row])")
    }
}
```

画面 12.12 「ViewController.swift」のプログラム   **[myPickerView2]**

■ プログラム解説

プログラムの説明をします。

*

「データ・ソース」は、

```
mylist =
  [["cat","dog","tiger"],["snake","lion","wolf","mouse"]]
```

です。

「最初のコンポーネント」の要素数は「3」とし、「2番目のコンポーネント」の要素数は「4」としています。

意図的に、「コンポーネント」ごとに要素の数を変えました。

*

初期化の「viewDidLoad」において、

・「コンポーネント」の「数」
・「コンポーネント」における「要素の数」

を、プリントします。

*

関数「numberOfComponentsInPickerView」は、「mylist.count」、この場合は「2」を返します。

*

133

第12章 ピッカー・ビュー Picker View

関数「pickerView(pickerView: UIPickerView, numberOfRowsInComponent component: Int) -> Int」は、各「row」における「要素の数」、すなわち、

```
return mylist[component].cout
```

を返します。

                    *

関数「pickerView(pickerView: UIPickerView, titleForRow row: Int, forComponent component: Int) -> Int」は、「row」で指定した組の「要素数」を返します。

■ プログラム実行

「プロジェクト」を「ビルド」します。
「ビルド」は成功します。

「プログラム」を「実行」します。

                    *

画面 12.13 に示すように、「初期画面」が開きます。

画面 12.13　初期画面

「データ・ソース」を変更したので、「初期画面」は、「cat」と「snake」を並べて表示しています。

                    *

「デバッグ・エリア」には、**画面 12.14** に示すように、「row の数」の「2」と、「各 row の要素数」の「3」と「4」をプリントします。

```
2
3, 4
```

画面 12.14　デバッグ・エリア

左の「row」にタッチして、上方向にスライドします。
「文字盤」は回転します。

                    *

画面 12.15 に示すように、「tiger」のところで、回転を止めます。

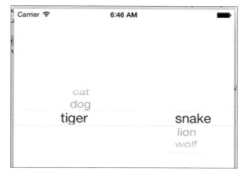

画面 12.15　「tiger」で回転を止める

「デバッグ・エリア」に、新規に「文字列」を「プリント」します。

```
2
3, 4
selected, 3, 1, and tiger
```

画面 12.16　デバッグ・エリア

*

こんどは、右の「row」を廻します。
画面 12.17 に示すように、「mouse」のところで停止します。

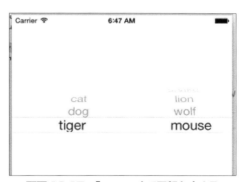

画面 12.17　「mouse」で回転を止める

「デバッグ・エリア」に、「文字列」を「プリント」します。

```
2
3, 4
selected, 3, 1, and tiger
selected, 4, 2, and mouse
```

画面 12.18　デバッグ・エリア

第13章

テキスト・ビュー Text View

「UIControl」のコンポーネント、「Text View」を使って、
プログラムを作ります。
「Text View」は、「ドキュメント」を表示し、必要なら、
内容を編集できる、コントロールです。

13.1 プロジェクトの作成

[1] 「Xcode」を開きます。

[2] 新規に、「プロジェクト」を作ります。
「プロジェクトの名前」を、「myTextView」とします。

[3] 「オブジェクト・ライブラリ」において、**画面 13.1** に示すように、「Text View」を捉えて「iPhone の画面」に「ドラッグ＆ドロップ」。

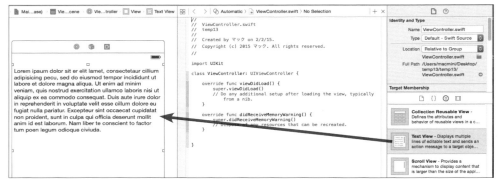

画面 13.1　「Text View」を「ドラッグ＆ドロップ」

■ プログラム実行

「プロジェクト」を「ビルド」します。
「ビルド」は成功します。

「プログラム」を、「実行」します。

＊

画面 13.2 に示すように、「初期画面」が開きます。

[13.2]「サイズ」の調整

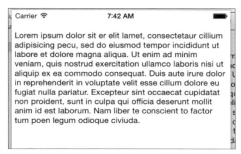

画面 13.2　初期画面

13.2 「サイズ」の調整

「Text View」の「サイズ」と「場所」を調整します。

＊

「スキーム」のパネルにおいて、「Text View」をクリックして選択します。

「ユーティリティ・エリア」において、「サイズ・インスペクタ」を開きます。

「View」のパネルで、**画面 13.3** に示すように、「X」および「Width」の数値を変更します。

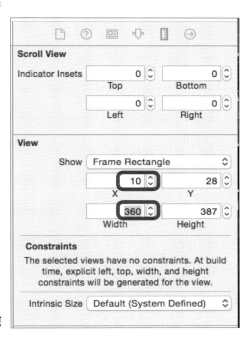

画面 13.3　「X」「Width」の数値を変更

■ プログラム実行

「プロジェクト」を「ビルド」して「実行」します。

「テキスト」は、ほぼ、「左右対称」の位置に置きました。

画面 13.4　実行画面

137

第13章 テキスト・ビュー Text View

13.3 「テキスト」の変更

「テキスト」を変更します。

■「アウトレット」の追加

「Text View」の「アウトレット」(Outlet) が必要です。

＊

[1] 「スキーム」で、「Text View」を選択します。
「ユーティリティ・エリア」で、「コネクション・インスペクタ」を開きます。

[2] 「Referencing Outlets」で「New Referencing Outlet」を捉えて、「iPhoneの画面」に「ドラッグ＆ドロップ」。

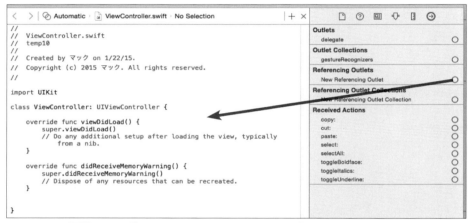

画面 13.5 「New Referencing Outlet」を「ドラッグ＆ドロップ」

[3] 「Connection」メニューが開くので、「名前」を「myTextView」と記入して、「Connect」ボタンをクリックします。

画面 13.6 「Name」に「アウトレットの名前」を記入

■「Button」の追加

「テキスト」の「プリント」に、「Button」を使います。

＊

[13.3]「テキスト」の変更

[1]「オブジェクト・ライブラリ」で「Button」を捉えて、「iPhoneの画面」に「ドラッグ＆ドロップ」。

[2]「Button」の「テキスト」を、「Print」に変更します。

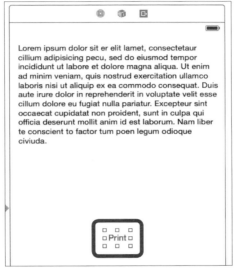

画面 13.7　「Button」の「テキスト」を「Print」に変更

■「アウトレット」の追加

[1]「スキーム」で、「Button」を選択します。

[2]「ユーティリティ・エリア」で、「コネクション・インスペクタ」を開きます。

[3]「Referencing Outlets」パネルで「New Referencing Outlet」を捉えて、「iPhoneの画面」に「ドラッグ＆ドロップ」。

[4]「Connection」メニューが開くので、「名前」を「myButton」と記入して、「Connect」ボタンをクリックします。

画面 13.8　「Name」に「アウトレットの名前」を記入

第13章 テキスト・ビュー Text View

■「アクション」の追加

[1]「スキーム」で、「Button」を選択します。

[2]「ユーティリティ・エリア」で、「コネクション・インスペクタ」を開きます。

[3]「Sent Events」のパネルで「touchDown」を捉えて、「View Controller.swift」に「ドラッグ＆ドロップ」。

[4]「Connection」メニューが開くので、「名前」を「touchDown」と記入して、「Connect」ボタンをクリックします。

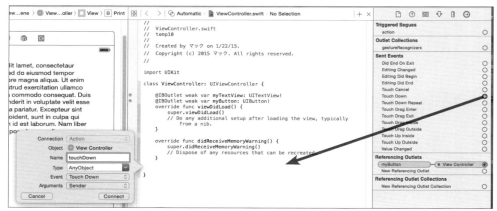

画面 13.9　「Name」に「関数の名前」を記入

＊

「Assistant Editor」のパネルで、画面 13.10 に示すように、センテンスを書き込みます。

```
import UIKit

class ViewController: UIViewController {

    @IBOutlet weak var myTextView: UITextView!
    @IBOutlet weak var myButton: UIButton!
    override func viewDidLoad() {
        super.viewDidLoad()
        // Do any additional setup after loading the view, typically
            from a nib.
        myTextView.text =
            "01234567890123456789012345678901234567890123456789
            01234567890123456789012345678901234567890123456789
            12345678901234567890123456789"
    }

    override func didReceiveMemoryWarning() {
        super.didReceiveMemoryWarning()
        // Dispose of any resources that can be recreated.
    }

    @IBAction func touchDown(sender: AnyObject) {
            println(myTextView.text)
    }
}
```

画面 13.10　プログラム　　　　　　　　　　　　　　　　　　　　　　　[myTextView]

[13.3]「テキスト」の変更

■ プログラム実行

「プロジェクト」を「ビルド」します。
「ビルド」は成功します。

「プログラム」を「実行」します。

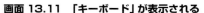

「初期画面」が開きます。

「Text View」をタップします。

画面 13.11 に示すように、「キーボード」がポップアップします。

「キーボード」にタッチして適当に「文字列」を入力します。

> **注意**
>
> 画面に「キーボード」が現われないときは、Mac のキーボードから、「Apple + k」と入力します。

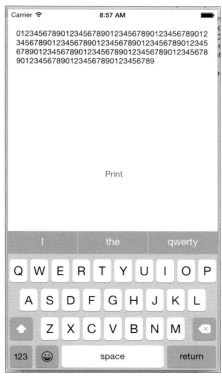

画面 13.11 「キーボード」が表示される

画面 13.12 では、最終行に、「qwerty」と打ち込みました。

画面 13.12 「qwerty」と入力した

第13章 テキスト・ビュー Text View

「Print」ボタンをクリックします。

画面 13.13 に示すように、「デバッグ・エリア」に、「テキスト」をプリントします。

```
01234567890123456789012345678901234567890123456789012345678901234567890123456789012345678
90123456789012345678901234567890123456789012345678901234567890123456789
Qwerty
```

画面 13.13 デバッグ・エリア

13.4 編集の禁止

「Text View」は、「初期設定」において、「編集可能」(Editable)に設定しています。

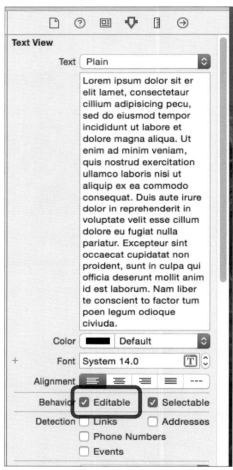

画面 13.14 「Editable」にチェックが入っていると、「編集可能」

「Editable」のチェックを外して、「ビルド」して、「実行」します。

「Text View」をタップしても、応答はありません。

「Text View」の内容を、編集することはできません。

142

第14章

ファイル File

> 「テキストをファイルに保存」、あるいは、「テキストをファイルから読み込む」プログラムを作ります。

14.1 プロジェクトの作成

「Text View」(13章)で作った「テキスト」を、「ファイル」に保存する、あるいは、「既存のファイル」を読み込んで、「Text View」に表示するプログラムを作ります。

＊

「Text View」コントロールと、「Button」2個を使います。

[1] 「Xcode」を開きます。

[2] 新規に、「プロジェクト」を作ります。
「プロジェクトの名前」を、「myFile」とします。

■「Text View」の追加

「オブジェクト・ライブラリ」から、「Text View」を「iPhoneの画面」に「ドラッグ&ドロップ」。

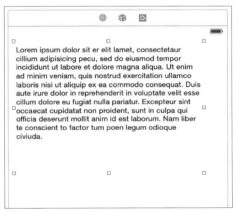

画面 14.1 「Text View」を「ドラッグ&ドロップ」

「Text View」のサイズを、**画面 14.2**に示すように調整します。

143

第14章 ファイル File

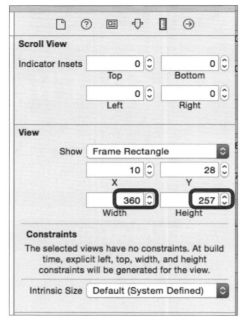

画面 14.2 サイズを調整

● 「アウトレット」の追加

「コネクション・インスペクタ」を開いて、「Text View」のアウトレット「myTextView」を作ります。

画面 14.3 に示すように、「Connection」メニューが開くので、「Name」の「テキスト・フィールド」に「myTextView」と記入して、「Connect」ボタンをクリックします。

画面 14.3 「Name」に「アウトレットの名前」を記入

画面 14.4 に示すように、「ViewController.swift」に「アウトレット」を作りました。

[14.1] プロジェクトの作成

画面 14.4 「ViewController.swift」に「アウトレット」を追加

「コネクション・インスペクタ」は、両者の関係づけを記載しています。

■「Store」ボタンの追加

「オブジェクト・ライブラリ」から、「Button」を「iPhoneの画面」に「ドラッグ&ドロップ」。

「アトリビュート・インスペクタ」を開いて、「Title」を「Store」と書き換えます。

● 「アクション」の追加

「コネクション・インスペクタ」を開いて、「イベント・セクション」の「Touch Down」を「ViewController.swift」に「ドラッグ&ドロップ」。

「Connection」メニューが開くので、「名前」を「storeText」とします。

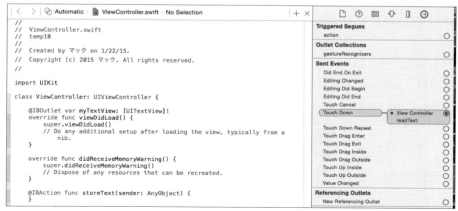

画面 14.5 「Touch Down」を「ViewController.swift」に「ドラッグ&ドロップ」

145

第14章 ファイル File

■「Read」ボタンの追加

「オブジェクト・ライブラリ」から、再度、「Button」を「iPhoneの画面」に「ドラッグ＆ドロップ」。

「アトリビュート・インスペクタ」を開いて、「Title」を「Read」と変更します。

●「アクション」の追加

「コネクション・インスペクタ」を開いて、イベント欄「Touch Down」を「ViewController.swift」に「ドラッグ＆ドロップ」。

「Connection」メニューが開くので、「Name」を「readText」とします。

画面 14.6　「Touch Down」を「ViewController.swift」に「ドラッグ＆ドロップ」

＊

「iPhoneの画面」に、3個の「コントロール」を貼り付けました。

＊

プログラムを、次のように書き込みます。

```
import UIKit

class ViewController: UIViewController {

    @IBOutlet weak var myTextView: UITextView!
    var filename: String! = "myText.txt"
    var path: String!
    override func viewDidLoad() {
        super.viewDidLoad()
        // Do any additional setup after loading the view, typically from a nib.
        myTextView.text =
            "01234567890123456789012345678901234567890123456789012345678901234567890123456789012345678901" +
            "234567890123456789012345678901234567890123456789012345678901234567890123456789"
        let directory = NSSearchPathForDirectoriesInDomains(.DocumentDirectory, .
            UserDomainMask, true)
        println(directory)
        path = directory[0].stringByAppendingPathComponent(filename)
        println(path)
    }

    override func didReceiveMemoryWarning() {
        super.didReceiveMemoryWarning()
        // Dispose of any resources that can be recreated.
    }
```

[14.1] プロジェクトの作成

```
@IBAction func storeText(sender: AnyObject) {
    println("storeText")
    let OK = myTextView.text.writeToFile(path, atomically: true, encoding:
        NSUTF8StringEncoding, error: nil)
    if OK {
        println("OK")
    } else {
        println("NG")
    }
}

@IBAction func readText(sender: AnyObject) {
    println("readText")
    myTextView.text = NSString(contentsOfFile: path, encoding: NSUTF8StringEncoding,
        error: nil)!
}
}
```

画面 14.7　最終的なプログラム

■ プログラム解説

プログラムの説明をします。

＊

まず、「変数」、

```
・filename
・path
```

を確保します。

「filename」は、「ファイルの名前」です。
ここでは、「ファイル名」は「myText.txt」としています。

「path」は、「ドキュメント」を格納する「ディレクトリ」への「パス」です。

「初期化」のルーチン「viewDidLoad」において、関数、

```
NSSearchPathForDirectoriesInDomeins(…)
```

を使って、「ドキュメント」を格納する「ディレクトリ」への「パス」を取得します。

「Store」ボタンをタップすると、「TextView」の「テキスト」を取得して、これを「ファイル」（ここでは、「myText.txt」）に書き出します。

テキストの「メソッド」、

```
writeToFile
```

を使います。

「書き込み」の、「成功／失敗」に従って、「メッセージ」を「プリント」します。

＊

第14章　ファイル File

「Read ボタンをタップすると、「ディレクトリ」から「ファイル」(ここでは、「myText.txt」)を読み出して、「TextView」の画面に「プリント」します。

■ プログラム実行

「プロジェクト」を「ビルド」します。
「ビルド」は成功します。

「プログラム」を「実行」します。
　　　　　　＊
画面 14.8 に示すように、「初期画面」が開きます。

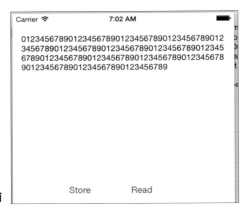

画面 14.8　初期画面

「画面」をタップすると、「キーボード」がポップアップします。

画面 14.9　タップすると、「キーボード」が表示される

148

適当に「文字列」を入力して、「テキスト」を書き変えます。

「Store」ボタンをタップします。
「ファイル」を、「メモリ」に保存しました。

画面 14.10　テキストを書き換える

＊

「文字列」を入力して、「テキスト」を変更します。

「Read」ボタンをタップします。

「メモリ」に記録した「ファイル」を呼び出します。

「TextView」のテキストは、前の状態に戻ります。

14.2　「存在しないファイル」へのアクセス

「存在していないファイル」に対して、「呼び出し」をかけたときの応答を調べます。

＊

「ViewController.swift」の「filename」を、**画面 14.11** に示すように、

```
myText2.txt
```

と書き換えます。

```swift
import UIKit

class ViewController: UIViewController {

    @IBOutlet weak var myTextView: UITextView!
    var filename: String! = "myText2.txt"
    var path: String!
    override func viewDidLoad() {
        super.viewDidLoad()
        // Do any additional setup after loading the view, typically from a nib.
        myTextView.text =
            "01234567890123456789012345678901234567890123456789012345678901
             23456789012345678901234567890123456789012345678901234567890123456789"
        let directory = NSSearchPathForDirectoriesInDomains(.DocumentDirectory, .
            UserDomainMask, true)
        println(directory)
        path = directory[0].stringByAppendingPathComponent(filename)
        println(path)
    }

    override func didReceiveMemoryWarning() {
        super.didReceiveMemoryWarning()
        // Dispose of any resources that can be recreated.
    }
```

第14章 ファイル File

```swift
    @IBAction func storeText(sender: AnyObject) {
        println("storeText")
        let OK = myTextView.text.writeToFile(path, atomically: true, encoding:
            NSUTF8StringEncoding, error: nil)
        if OK {
            println("OK")
        } else {
            println("NG")
        }
    }

    @IBAction func readText(sender: AnyObject) {
        println("readText")
        myTextView.text = NSString(contentsOfFile: path, encoding: NSUTF8StringEncoding,
            error: nil)!
    }
}
```

画面 14.11 「ViewController.swift」を書き換え [myFile]

注意

「未使用のファイル名」に書き換えます。

■ プログラム実行

「プロジェクト」を「ビルド」します。
「ビルド」は成功します。

「プログラム」を「実行」します。

*

「デバッグ・エリア」の「プリント」を、**画面 14.12** に示します。

```
readText
fatal error: unexpectedly found nil while unwrapping an Optional value
(lldb)
```

画面 14.12　デバッグ・エリア

*

「存在しないファイル」に「読み出し」をかけたので、「記号 nil が返ってきた」と記載しています。

また、「ViewController.swift」において、「エラー」を発生したセンテンスは、画面に示すように「色付け」しています。

```swift
    @IBAction func readText(sender: AnyObject) {
        println("readText")
        myTextView.text = NSString(contentsOfFile: path, encoding: NSUTF8StringEncoding, error: nil)!
    }                                        Thread 1: EXC_BAD_INSTRUCTION (code=EXC_I386_INVOP, subcode=0x0)
```

画面 14.13　「ViewController.swift」のエラー表示

150

第4部

画像処理ビュー

ここでは、先ほどのビューを発展させて、画像処理中心のビューについて解説します。

*

■ イメージ・ビュー Image View
■ スクロール・ビュー Scroll View

第15章
イメージ・ビュー Image View

> 「Image View」を使って、「画像」を「表示」するプログラムを作ります。
> 最初に、「Image View」の性質を調べます。
> [myImageView] 〜 [myImageView3]

15.1　プロジェクトの作成

[1]　「Xcode」を開きます。

[2]　新規に、「プロジェクト」を作ります。
　　「プロジェクトの名前」を、「myImageView」とします。

■「Image View」の追加

「オブジェクト・ライブラリ」から、「Image View」を「iPhoneの画面」に「ドラッグ＆ドロップ」。

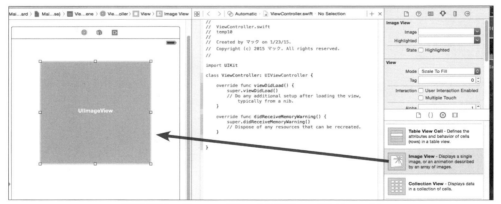

画面15.1　「Image View」を「ドラッグ＆ドロップ」

＊

「コントロール」の、「サイズ」と「配置場所」を調整します。

「ユーティリティ・エリア」に、「サイズ・インスペクタ」を開きます。

画面15.2に示すように、「コントロール」は、「左上端点の座標」を(32, 64)とし、「横幅(Width)」を「256」、「縦幅(Height)」を「256」とします。

[15.1] プロジェクトの作成

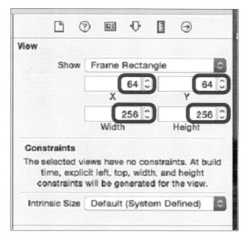

画面15.2　サイズの設定

数値の単位は、「ビット」です。

*

正方形の「Image View」を作りました。

■ 画像の用意

「コントロール」に貼り付ける「画像」を用意します。
ここでは、インターネットに公開されていた「フリー画像」、

```
823161-1920.jpg
```

を、ダウンロードして使います。

画面15.3　用意した画像

画像のサイズは、

```
1920 × 1080
```

です。

*

153

第15章 イメージ・ビュー Image View

画像を、「プロジェクト」に登録します。

[1]　画像「823161-1920.jpg」を、「デスクトップ」に置きます。

[2]　「ナビゲータ」のパネルにおいて、

Images.xcassets

をクリックして、選択します。

[3]　画面 15.4 に示すように、「スキーム」のパネルは、「Images.xcassets」に変わります。

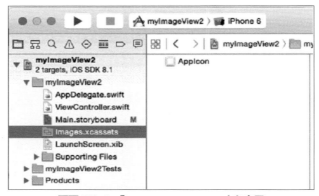

画面 15.4　「Images.xcassets」を表示

「Images.xcassets」には、「デフォルト」で、アイコン「AppIcon」が入っています。

[4]　用意した画像を、マウスで捉えて、この「Images.xcassets」のパネルに「ドラッグ＆ドロップ」。

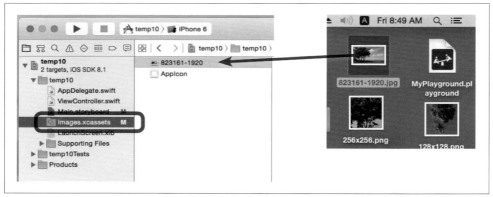

画面 15.5　「デスクトップ」に置いた画像を、「Images.xcassets」に「ドラッグ＆ドロップ」

画面 15.6 に示すように、「プロジェクト」に、画像「823161-1920.jpg」を組み込みました。

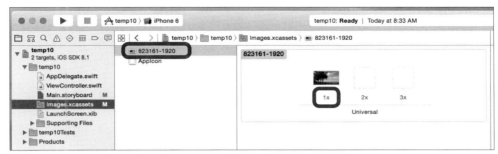

画面 15.6 「プロジェクト」に画像が登録された

「縮尺率」は、「1x」としています。

■ 画像の表示

「組み込んだ画像」を、「Image View」コントロールに関連付けます。

＊

[1] 「プロジェクト・ナビゲータ」において、

    Main.storyboard

をクリックして、選択します。

　「Images.xcassets」の「右のパネル」は、「iPhone の画面」に変わります。

[2] 「iPhone の画面」において、「Image View」をクリックして、選択します。
　「ユーティリティ・エリア」において、「アトリビュート・インスペクタ」を開きます。

[3] 「Image View」パネルで、「Image」の「テキスト・フィールド」をクリックします。
　画面 15.7 に示すように、組み込んだ画像「823161-1920」が現われます。

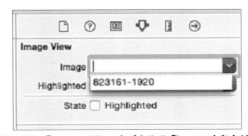

画面 15.7 「Image View」パネルの「Image」をクリック

第15章 イメージ・ビュー Image View

[4] この「823161-1920」をクリックすると、記号「823161-1920」は、**画面 15.8**に示すように、「テキスト・フィールド」内に収まります。

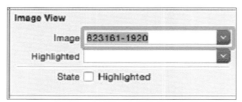

画面 15.8 表示する画像の名前を選択

「iPhone の画面」を見ると、「Image View」コントロールに、**画面 15.9** に示すように、「画像」をプロットしています。

登録した画像「823161-1920.jpg」全体を、コントロール「Image View」にコピーしています。

画面 15.9 「Image View」に画像が表示された

「画像」は横長で、コントロールは正方形なので、「iPhone の画像」は、「x 軸方向」(横軸の方向) に圧縮しています。

いま、仮に、この転送を、「**圧縮転送**」と呼びます。

■ プログラム実行

「プロジェクト」を「ビルド」します。
「ビルド」は成功します。

「プログラム」を「実行」します。

＊

画面 15.10 に示すように、「iPhone の画面」が開きます。

「Xcode」における「iPhone の画面」と「同じ画面」が、実機上で実現します。

画面 15.10 実行画面

156

15.2 Scale To Fill

「画像」を「コントロール」に「転送」する方法を調べます。

*

「アトリビュート・インスペクタ」を開きます。

「View」セクションの「Mode」をクリックします。

画面 15.11 に示すように、「画像の転送パターン」、すなわち、13個の「転送 Mode」がポップアップします。

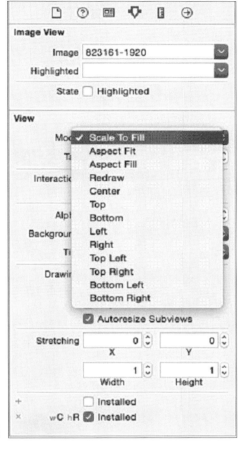

画面 15.11　13個の「転送 Mode」

デフォルトの設定は、

Scale To Fill

です。

このモードは、「画像全体」を、「Text View」コントロールに転送します。

ここで使っている画像のサイズは、

横幅　1920 ビット
縦幅　1080 ビット

です。
「横長」の画像です。

第15章 イメージ・ビュー Image View

「Text View」コントロールのサイズは、

```
横幅　256 ビット
縦幅　256 ビット
```

と設定しました。
　「Text View」コントロールは、「正方形」です。

したがって、「画像の横幅」を圧縮して、「コントロール」に転送しています。
「圧縮転送」です。

15.3　Aspect Fit

2番目の転送方法は、

```
Aspect Fit
```

です。

　このモードを選択すると、**画面 15.12** に示すように、「横軸」を基準にして、「圧縮なし」の転送をします。

画面 15.12　「Aspect Fit」の表示 (Xcode)

　画像は「横長」なので、「コントロール」の「上下」に「空白領域」(すなわち、「画像なし」の部分)が生じます。

　逆に、「縦長」の画像を使った場合は、「コントロール」の「左右」に「空白領域」が発生します。

　いま、仮に、この転送方法を、**「非圧縮転送」**と呼びます。

[15.4] Aspect Fill

■ プログラム実行

「Mode」は、「Aspect Fit」を選択して、「プロジェクト」を「ビルド」します。「ビルド」は成功します。

「プログラム」を「実行」します。

*

画面 15.13 に示すように、「iPhone の画面」が開きます。

「画像」の「縦」「横」は同じ比率で圧縮しています。

画面 15.13 「Aspect Fit」の表示 (実行画面)

15.4　Aspect Fill

3 番目の転送方法は、

Aspect Fill

です。

英文字が、2 番目の「Aspect Fit」と似ています。間違いやすいので、注意します。

このモードを選択すると、画像の縦幅をコントロールに合わせて、「圧縮なし」で転送します。「**非圧縮転送**」です。

画面 15.14 に、「Xcode」の「iPhone の画面」を示します。

画面 15.14 「Aspect Fill」の表示 (Xcode)

画像の右側は、切り捨てています。

第15章 イメージ・ビュー Image View

■ プログラム実行

「プロジェクト」を「ビルド」します。
「ビルド」は成功します。

「プログラム」を「実行」します。
＊
画面 15.15 に示すように、「iPhone の画面」が開きます。

画面 15.15 「Aspect Fill」の表示 (実行画面)

「iPhone の画面」で、画像は「コントロール」の幅を越えて、画面いっぱいに展開しています。
「コントロール」の上下の幅は、設定値に一致します。

左右の幅は、設定値を無視して、画面いっぱいに、拡張しています。

「Xcode の画面」と「実機の画面」は異なります。
アプリケーションを作る際には、充分に注意してください。
＊
ここで、読者に、「演習問題」です。

「画像」が「縦長」で、「Image View」が「正方形」ならば、どのような画面になりますか。
絵を描いてください。
結果を、実機で検証してください。

15.5 Redraw

4 番目の転送方法、

Redraw

は、画像を「再転送」します。

転送方法は、

Scale To Fill

と同じです。

15.6　部分指定の転送

5番目から13番目までの9個の「転送Mode」は、「部分指定」の「非圧縮転送」です。「画像」を「コントロールに転送する形態」は、画面15.16の9パターンです。

Top Left	Top	Top Right
Left	Center	Right
Bottom Left	Bottom	Bottom Right

画面15.16　「画像」を「コントロールに転送する形態」

＊

「サンプル」を作ります。

「原画像」を見ると、右下の部分に、「特徴的な映像」があります。
　この部分を使うと、検証が容易なので、まず、「Bottom Right」を採用して、実験します。

＊

「アトリビュート・インスペクタ」の「View」セクションの「Mode」で、画面15.17に示すように、「Bottom Right」を選択します。

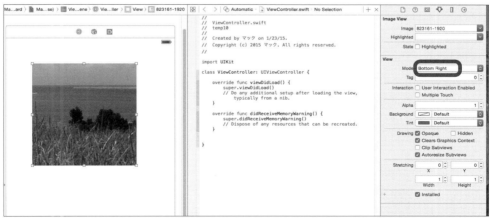

画面15.17　「Bottom Right」の表示

「iPhoneの画面」の「Image View」のコントロールは、「画像の右下部」を「非圧縮モード」で表示します。

第15章 イメージ・ビュー Image View

■ プログラム実行

「プロジェクト」を「ビルド」します。
「ビルド」は成功します。

「プログラム」を「実行」します。
＊
画面 15.18 に示すように、「iPhone の画面」が開きます。

画面 15.18 「Bottom Right」の表示 (実行画面)

「iPhone の画面」は、確かに、「画像の右下の部分」を表示しています。

ただし、「iPhone の画面」の「上部、および、左側部」は、「コントロール」の範囲を越えて、画像を描画しています。

すなわち、「画像の右下の端点」を、「コントロールの右下の端点」に合わせて、「iPhone の画面全体」に画像を転送します。
＊
以下、残り 8 個の「Mode」に関して、「プロジェクト」を作り、「ビルド」して「実行」します。
＊
まず、第 1 行、「Top Left」「Top」「Top Right」の画面を、画面 15.19 に示します。

画面 15.19 「Top Left」「Top」「Top Right」の画面

「Top Left」は、「コントロール」の「上部、および、左部」に「空白のエリア」があります。

「Top」は、「コントロール」の「上部」に「空白のエリア」があります。

162

「Top Right」は、「コントロール」の「上部、および、右部」に「空白のエリア」があります。

＊

続いて、**中央の行**、「Left」「Center」「Right」の画面を、**画面 15.20** に示します。

画面 15.20　「Left」「Center」「Right」の画面

「Left」は、「コントロール」の「左部」に「空白のエリア」があります。

「Center」は、「空白のエリア」はありません。画像は、「iPhone の画面全体」に描画しています。

「Right」は、「コントロール」の「右部」に「空白のエリア」があります。

＊

最後に、**第3行**、「Bottom Left」「Bottom」「Bottom Right」の画面を、**画面 15.21** に示します。

画面 15.21　「Bottom Left」「Bottom」「Bottom Right」の画面

「コントロール」を「iPhone の画面」の「上部」に置いたので、「画面下部」に「空白部」が生じています。

＊

「Xcode」において、「Mode」と「結果の画面」について調べました。

第15章 イメージ・ビュー Image View

15.7 倍率の影響

画像の転送に関連して、「倍率の影響」を調べます。

ここで使っている画像は、「Image View」コントロールより、はるかに大きいために、「転送 Mode」が、

- Scale To Fill
- Aspect Fit
- Aspect Fill
- Redraw

の場合は、倍率「1 X」「2 X」「3 X」の選択は、結果に影響を与えません。

＊

サンプルとして、「Aspect Fill」の場合を取り上げ、検証します。

「ナビゲータ・パネル」で「Images.xcassets」を選択し、画面に示すように、画像を「1 X」から「2 X」に「ドラッグ＆ドロップ」します。

画面 15.22　画像を「1 X」から「2 X」に「ドラッグ＆ドロップ」

画面に示すように、画像は「2 X」の場所に移動します。

画面 15.23　画像が「2 X」に移動した

[15.7] 倍率の影響

■ プログラム実行

　この状態で、「プロジェクト」を「ビルド」して「実行」すると、「転写モード」は「2 X」となります。

　「Mode」を「Aspect Fill」として、「転写の倍率」を、3 通りに変えた結果を、以下に示します。

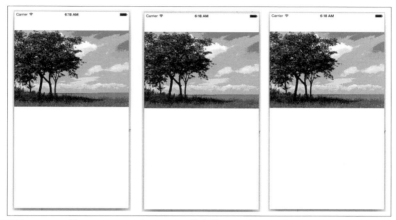

画面 15.24　「Aspect Fill」における倍率「1 X」「2 X」「3 X」の違い (Xcode)

　倍率「1 X」「2 X」「3 X」の選択は、「iPhone の画面」の画像に影響を与えません。

　「Mode」を、「Top Left」に変更します。
　倍率を「1 X、2 X、3 X」に変えた場合の結果を、**画面 15.25** に示します。

画面 15.25　「Aspect Fill」における倍率「1 X」「2 X」「3 X」の違い (実行画面)

　明らかに、「転写の倍率」は、「iPhone の画面」に影響を与えます。
　「2 X」の倍率において、すでに、画面の下部が切れています。

＊

165

「Center」の「Mode」に関して、同じ実験を行ないます。

画面15.26 「Center」における倍率「1 X」「2 X」「3 X」の違い

「1 Xの倍率」において、「縦軸方向の画像」は、ほぼ、「iPhoneの画面」に入ります。
厳密に見ると、「上部」および「下部」が、少し、切れています。
「2 Xの倍率」では、「縦方向の画面」は、「上部」が、ごく少量、取り残されています。
「3 X」になると、「縦方向の画面」は、「全部、取り込む」ことになります。
しかも、画面上部に、「余白領域」が発生します。

*

「Bottom Right」の「Mode」に関して、同じ実験を行ないます。

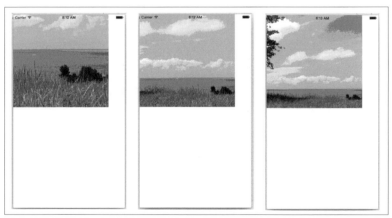

画面15.27 「Bottom Right」における倍率「1 X」「2 X」「3 X」の違い

倍率の効果が、明確に、現われています。

「画像の実サイズ」「開発システム上に設定したImage Viewのサイズ」「結果としてのiPhoneの画像」の関係は、とても複雑です。
「ケース・バイ・ケース」で、実機検証を行なってください。

第16章
スクロール・ビュー Scroll View

「iPhoneの画面」で、「画像」を「スクロール」するプログラムを作ります。
2つのコントロール、「Scroll View」と「Image View」を使います。
[myScrollView] 〜 [myScrollView 5]

16.1　プロジェクトの作成

　最初に、「iPhoneの全画面」を使って、「画像」を表示し、「スクロール」するケースを取り上げます。

[1]　「Xcode」を開きます。

[2]　新規に、「プロジェクト」を作ります。
　「プロジェクトの名前」を、「myScrollView」とします。

■「Scroll View」の配置

[1]　「オブジェクト・ライブラリ」を開きます。
　画面 16.1 に示すように、「Scroll View」があります。

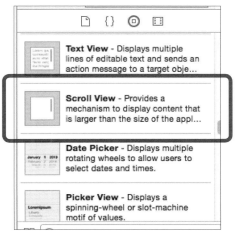

画面 16.1　「オブジェクト・ライブラリ」の「Scroll View」

[2]　この「Scroll View」を、マウスで捉えて、「iPhoneの画面」に「ドラッグ＆ドロップ」。

第16章 スクロール・ビュー Scroll View

「ドロップ」する際に、画面 16.2 に示すように、「Scroll View」を「iPhoneの画面」いっぱいに広げて、貼り付けます。

画面 16.2 「Scroll View」を「ドラッグ＆ドロップ」して、いっぱいに広げる

[3] 画面 16.3 に示すように、「ユーティリティ・エリア」において、「サイズ・インスペクタ」を開きます。

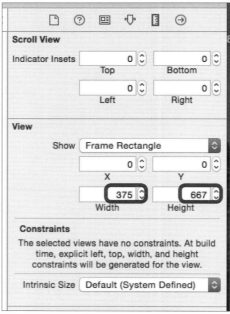

画面 16.3 サイズを設定

「Scroll View」のサイズの設定値は、

```
375 × 667
```

です。
　これは、「iPhone の画面全体」を覆っています。

＊

　次に、「Scroll View」に、「Image View」を貼り付けます。

■「Image View」の配置

[1]　「オブジェクト・ライブラリ」で「Image View」をマウスで捉えて、「iPhone の画面」に「ドラッグ＆ドロップ」。

[2]　「Scroll View」と同様に、「iPhone の画面いっぱい」に貼り付けます。

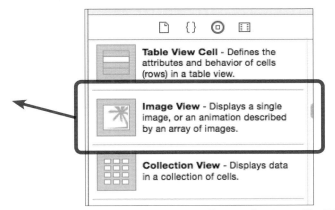

画面 16.4　「Image View」を「ドラッグ＆ドロップ」で配置

＊

　「Image View」の「サイズ・インスペクタ」を開いて、「コントロールのサイズ」を確認します。
　サイズの初期値は、

```
375 × 667
```

です。

■ 画像の追加

　「プロジェクト」に、「画像」を組み込みます。
　前節において使った画像、

```
283161-1920.jpg
```

を使います。

第16章 スクロール・ビュー Scroll View

＊

[1] ナビゲータで「画像」の「カセット」、

    Images.xcassets

をクリックして、選択します。

[2] デスクトップに置いた「283161-1920.jpg」を、カセットに「ドラッグ＆ドロップ」。

＊

画面 16.5 に示すように、画像「283161-1920.jpg」を、「カセット」に組み込みました。

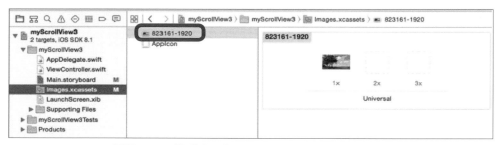

画面 16.5 「画像」を「Images.xcassets」に追加した

＊

「ナビゲータ」において、選択を、

    Images.xcassets

から、

    Main.storyboard

に戻します。

＊

「スキーム」を見ます。
　画面 16.6 に示すように、「View」セクションに「Scroll View」があり、その「Scroll View」に「Image View」が貼り付いています。

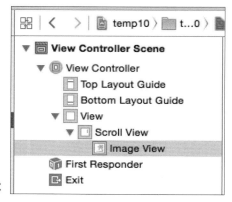

画面 16.6 配置したコントロールの構成

[16.1] プロジェクトの作成

■「Image View」の設定

「スキーム」において、「Image View」をクリックして、選択します（**画面 16.6** では、すでに、選択しています）。

「ユーティリティ・エリア」において、「アトリビュート・インスペクタ」を開きます。

「Image View」のパネルで、「Image」の「テキスト・フィールド」をクリックします。

「カセット」に取り込んだ画像、

```
823161-1920
```

がポップアップするので、クリックして選択します。

画面 16.7 に示すように、画像「823161-1920」を、「iPhone の画面」いっぱいに貼り付けます。

画面 16.7 「Image View」に「画像全体」が「圧縮表示」

「画像全体」を圧縮して、「iPhone の画面」に転送しています。

        ＊

「転送モード」を変えます。

「アトリビュート・インスペクタ」の「View」のパネルで、**画面 16.8** に示すように、「Mode」をクリックして、「Top Left」を選択します。

171

第16章　スクロール・ビュー Scroll View

画面 16.8　「Mode」で「Top Left」を選択

「iPhone の画面」において、**画面 16.9**に示すように、「画像」は「左上詰め」の状態になります。

「画像の一部」を、「圧縮なし」で転送しています。

画面 16.9　「Image View」に「画像」が「左上詰め」で表示

[16.2] contentSize

■ プログラム実行

ここで、いったん、「プロジェクト」を「ビルド」します。
「ビルド」は成功します。

「プログラム」を「実行」します。
＊
画面 16.10 に示すように、「iPhone の画面」が開きます。

画面 16.10　実行画面

16.2　contentSize

「Scroll View」を使う際には、プロパティ「contentSize」に対して、「値」を設定する必要があります。

「contentSize」の初期値は「0」に設定されているので、「デフォルト」の状態では、「Scroll View」は動作しません。

注意

前節の**画面 16.10** において、画面にタッチしてスライドします。
しかし今回は、画像は「画面に固定」していて、スライドしません。

「contentSize」に、「数値」を書き込みます。

「アトリビュート・インスペクタ」に、「contentSize」の項目はありません。
「画面操作」によって、数値の設定はできません。
プログラムによって、値を設定します。
＊
プロジェクト「myScrollView」に、「プログラム」を書き込みます。

173

第16章 スクロール・ビュー Scroll View

■「アウトレット」の追加

「Scroll View」の「アウトレット」を作ります。

*

[1]　「スキーム」において「Scroll View」を選択します。

[2]　「ユーティリティ・エリア」に、「コネクション・インスペクタ」を開きます。
　「Referencing Outlets」パネルにおいて、「New Referencing Outlet」右端の「○記号」を捉えて、「プログラム」に「ドラッグ＆ドロップ」。

[3]　画面 16.11 に示すように、メニューが開くので、「Name」の「テキスト・フィールド」に「myScrollView」と書き込んで、「Connect」ボタンをクリックします。

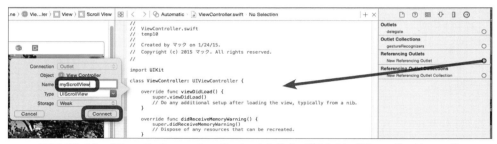

画面 16.11　「New Referencing Outlet」を「プログラム」に「ドラッグ＆ドロップ」

続いて、画面 16.12 に示すように、「ViewController.swift」に、「プログラム」を書き込みます。

```
import UIKit

class ViewController: UIViewController {

    @IBOutlet weak var myScrollView: UIScrollView!
    override func viewDidLoad() {
        super.viewDidLoad()
        // Do any additional setup after loading the view, typically from a nib.
        myScrollView.contentSize = CGSizeMake(2000, 2000)
    }

    override func didReceiveMemoryWarning() {
        super.didReceiveMemoryWarning()
        // Dispose of any resources that can be recreated.
    }

}
```

画面 16.12　「ViewController.swift」のプログラム

■ プログラム解説

プログラムの説明をします。

*

「Scroll View」のアウトレット、

```
@IBOutlet weak var myScrollView: UIScrollView!
```

は、「画面操作」で作りました。

「Scroll View」の「contentSize」を、

```
myScrollView.contentSize = CGSizeMake(2000,2000)
```

とします。

ここでは、「画像の寸法」(1920 × 1080) を、充分にカバーする「contentSize」を設定しています。

■ プログラム実行

「プロジェクト」を「ビルド」します。
「ビルド」は成功します。

「プログラム」を「実行」します。

*

画面 16.13 に示すように、「初期画面」が開きます。

「画面」に「タッチ」して「スライド」すると、「画面」は、「上下」「左右」に移動します。

画面 16.13　初期画面

第16章 スクロール・ビュー Scroll View

　画面 16.14 に示すように、「画像の右下端の部分…」などを表示します。

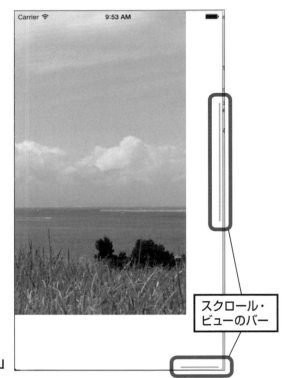

画面 16.14　「タッチ」して左上に「スライド」

＊

　画面 16.14 を見ると、「画面」の「右側部」および「下縁部」に、「Scroll View」の「バー」を表示しています。

　「バー」の「位置」と「長さ」によって、「画像の位置情報」を伝えます。
　この「バー表示」が、「Scroll View」のポイントです。

＊

　「Scroll View」の「contentSize」が、「画像のサイズ」よりも「大きい場合」について検証しました。

■「Scroll View」と「画像」の「サイズが同じ」場合

　次に、「Scroll View」の「contentSize」が、「画像のサイズ」と「ぴったり同じ値」の場合について検証します。

　プログラムを、画面 16.15 に示します。

[16.2] contentSize

```
import UIKit

class ViewController: UIViewController {

    @IBOutlet weak var myScrollView: UIScrollView!
    override func viewDidLoad() {
        super.viewDidLoad()
        // Do any additional setup after loading the view, typically from a nib.
        myScrollView.contentSize = CGSizeMake(1920, 1080)
    }

    override func didReceiveMemoryWarning() {
        super.didReceiveMemoryWarning()
        // Dispose of any resources that can be recreated.
    }

}
```

画面 16.15　プログラム

■ プログラム実行

「プロジェクト」を「ビルド」します。
「ビルド」は成功します。

「プログラム」を「実行」します。

＊

「初期画面」が開きます。

画像を移動して、「画面」に「画像の右下の部分」を表示します。

「画像の右下の端点」は、「iPhoneの画面」の「右下の端点」と一致します。

画面 16.16　画像の右下部分を表示

■「Scroll View」と「画像」の「幅が同じ」場合

「contentSize」の「width」を、「iPhoneの画面」の「width」と同じ値、すなわち「375」に変更します。

プログラムを、**画面 16.17** に示すように、修正します。

第16章 スクロール・ビュー Scroll View

```
import UIKit

class ViewController: UIViewController {

    @IBOutlet weak var myScrollView: UIScrollView!
    override func viewDidLoad() {
        super.viewDidLoad()
        // Do any additional setup after loading the view, typically from a nib.
        myScrollView.contentSize = CGSizeMake(375, 1080)
    }

    override func didReceiveMemoryWarning() {
        super.didReceiveMemoryWarning()
        // Dispose of any resources that can be recreated.
    }
}
```

画面 16.17　プログラム

■ プログラム実行

「プロジェクト」を「ビルド」します。
「ビルド」は成功します。

「プログラム」を「実行」します。

＊

「初期画面」が開きます。

画像は、「左右」には、移動しません。
「上下」には、移動します。

画面 16.18
「左右」に移動しないが、「上下」には移動する

■「Scroll View」と「画像」の「高さが同じ」場合

　画面 16.19 に示すように、「contentSize」の「height」を、「iPhoneの画面」の「height」と同じ値に変更します。

[16.3] iPhone 画面内の画像

```
import UIKit

class ViewController: UIViewController {

    @IBOutlet weak var myScrollView: UIScrollView!
    override func viewDidLoad() {
        super.viewDidLoad()
        // Do any additional setup after loading the view, typically from a nib.
        myScrollView.contentSize = CGSizeMake(1920, 667)
    }

    override func didReceiveMemoryWarning() {
        super.didReceiveMemoryWarning()
        // Dispose of any resources that can be recreated.
    }
}
```

画面 16.19　プログラム

■ プログラム実行

「プロジェクト」を「ビルド」して「実行」します。

「画像」は、「水平方向」には移動しますが、「上下方向」には動きません。

16.3　iPhone 画面内の画像

「画像サイズ」は、「iPhone の画面」よりも「小さい場合」、すなわち、「画像全体」が、「iPhone の画面」に収まるケースを取り上げます。

■ 用意する画像

「サイズの小さい画像」を用意します。
画面 16.20 に示すように、画面のサイズを、

192 × 256

として、「画面全体を「赤色」で塗りつぶした画像」を用意します。

画面 16.20　画面全体を「赤色」で塗りつぶした画像

画像の名前は、「red.png」とします。

179

第16章 スクロール・ビュー Scroll View

■ プロジェクトの作成

新規に、「プロジェクト」を作ります。

「Xcode」を開きます。
「プロジェクトの名前」を、「myScrollView2」とします。

＊

前節と同じ手順を適用します。

■「Scroll View」の追加

「オブジェクト・ライブラリ」で「Scroll View」を捉えて、「iPhoneの画面」に「ドラッグ＆ドロップ」。

「アトリビュート」の数値は、「myScrollView」と同じ値、「375×667」とします（**画面 16.3**）。

■「Image View」の追加

続いて、「オブジェクト・ライブラリ」で「Image View」を捉えて、「iPhoneの画面」に「ドラッグ＆ドロップ」。

「アトリビュート」の数値を、**画面 16.21** に示すように、「画像のサイズと同じ値」に設定します。

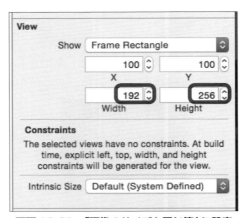

画面 16.21　「画像のサイズと同じ値」に設定

「画面」において、「X」と「Y」の値は、「画像の左上の起点の座標」です。
「Width」と「Height」は、画像の「横」「縦」のピクセル数です。

「数値」を変更すると、「iPhoneの画面」は、**画面 16.22** に示すように変わります。

[16.3] iPhone 画面内の画像

画面 16.22　コントロールの登録

「数値の変更」は、即、「iPhoneの画面」に実現します。

■ 画像の追加

「プロジェクト」に、「画像」を組み込みます。

「ナビゲータ」で「Imageのカセット」(Images.xcassets)を選択します。

「デスクトップ」に用意した画像「red.png」を捉えて、「Xcode」の左から2番目のカラムに「ドラッグ＆ドロップ」。

画面 16.23　「Images.xcassets」に画像ファイルを「ドラッグ＆ドロップ」

＊

「画像」を、「プロジェクト」に取り込みました。

第16章 スクロール・ビュー Scroll View

■ 画像の表示

組み込んだ画像を、「Image View」に貼り付けます。

「ナビゲータ」において、「Main.storyboard」を選択します。

「スキーム」において、「Image View」を選択します。

「アトリビュート・インスペクタ」の「Image View」セクションにおいて、「Image」の「テキスト・フィールド」をクリックし、画像名「red.png」を選択します。

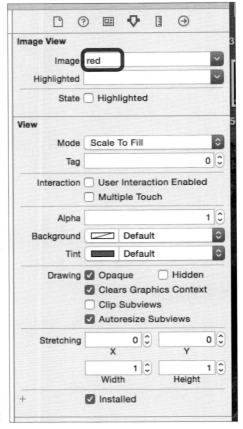

画面 16.24 「Image」で画像名「red.png」を選択

＊

画像を登録すると、「iPhoneの画面」は、「画像」（ここでは、「赤色」）に変わります。

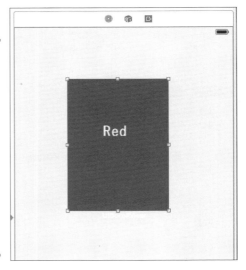

画面 16.25 「red.png」が表示される

＊

プログラムを作ります。

[16.3] iPhone 画面内の画像

■「アウトレット」の追加

まず、「Scroll View」の「アウトレット」を作ります。
「アウトレットの名前」は、「myScrollView」とします。

■ プログラムの追加

「myScrollView」の「contentSize」を指定するセンテンスを書き込みます。

```
import UIKit

class ViewController: UIViewController {

    @IBOutlet weak var myScrollView: UIScrollView!
    override func viewDidLoad() {
        super.viewDidLoad()
        // Do any additional setup after loading the view, typically
        from a nib.
        myScrollView.contentSize = CGSizeMake(376, 668)
    }

    override func didReceiveMemoryWarning() {
        super.didReceiveMemoryWarning()
        // Dispose of any resources that can be recreated.
    }
}
```

画面 16.26　プログラム

「myScrollView」の「contentSize」を、

```
376 × 668
```

と設定します。

「myScrollView」の「フレームのサイズ」の数値は、

```
375 × 667
```

です（**画面 16.3**）。
　デフォルトの数値に「1 を加えた数値」を「contentSize」に設定します。
　ここが、注意点です。

■ プログラム実行

「プロジェクト」を「ビルド」します。
「ビルド」は成功します。

「プログラム」を「実行」します。

*

画面 16.27 に示すように、「iPhone の画面」が開きます。

183

第16章 スクロール・ビュー Scroll View

画面 16.27　実行画面

「画像」に「タッチ」して、「上下左右」に「スライド」します。
「画像」は「移動」します。

画面 16.28　「タッチ」で画像を移動

「指」を画面から離すと、「画像」は「初期位置」に戻ります。

＊

「Scroll View」の「contentSize」を「Image View のサイズ」より大きくすると、「画像」は、「Scroll View」内を自由に移動します。これを確認しました。

■「contentSize」の変更

「contentSize」の機能をチェックします。

「Scroll View」のサイズを、**画面 16.29** に示すように変更します。

[16.3] iPhone 画面内の画像

```swift
import UIKit

class ViewController: UIViewController {

    @IBOutlet weak var myScrollView: UIScrollView!
    override func viewDidLoad() {
        super.viewDidLoad()
        // Do any additional setup after loading the view, typically
        from a nib.
        myScrollView.contentSize = CGSizeMake(375, 668)
    }

    override func didReceiveMemoryWarning() {
        super.didReceiveMemoryWarning()
        // Dispose of any resources that can be recreated.
    }
}
```

画面 16.29　プログラム

　「contentSize」において、「横幅」（x 軸方向）に関する数値「376」を、「375」に
書き変えました。

■ プログラム実行

　「プロジェクト」を「ビルド」します。
　「ビルド」は成功します。

　「プログラム」を「実行」します。

＊

　「初期画面」が開きます。

　「赤色の矩形」に「タッチ」して、「スライド」します。
　「上下」には移動しますが、「左右」には移動しません。

　センテンスを、

```swift
myScrollView.contentSize = CGSizeMake(376, 667)
```

と変更すると、画像は「左右」に移動しますが、「上下」には移動しません。

　センテンスを、

```swift
myScrollView.contentSize = CGSizeMake(375, 667)
```

と変更すると、画像は「左右」および「上下」に移動しません。
　画像は、画面に「固定」します。

＊

　画像を「iPhone の画面」に固定するのであれば、「Scroll View」を使う必要はあ
りません。

　以下では、「画像は動かす必要がある」ことを前提にして、プログラミングを続け
ます。

185

第16章 スクロール・ビュー Scroll View

16.4 窓型の「Scroll View」

「Scroll View」を、「iPhoneの画面」の内部に設定します。
「iPhoneの画面」に、「小さな窓」(四角の領域)を作って、その窓の中で画像を動かすプログラムを作ります。

■ プロジェクトの作成

新規に、「プロジェクト」を作ります。
「プロジェクトの名前」を、「myScrollView3」とします。

「myScrollView2」と同じ手順で、プロジェクトを構成します。

「プロジェクト」を「ビルド」して、前回と同じ結果を得ることを確認します。

■「Scroll View」の設定

「Scroll View」の「サイズ」を変更します。

「スキーム」で「Scroll View」をクリックして、選択します。
「サイズ・インスペクタ」で、**画面 16.30** に示すように、「View」セクションに、「画像のサイズと同じ数値」を設定します。

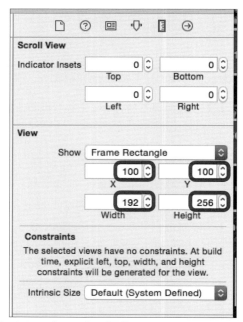

画面 16.30　「View」に「画像のサイズと同じ数値」を設定

[16.4] 窓型の「Scroll View」

■「Image View」の設定

「View Controller Scene」で、「Image View」の「red」をクリックして、選択します。

「サイズ・インスペクタ」の「View」セクションで、画面に示すように、「数値」を書き込みます。

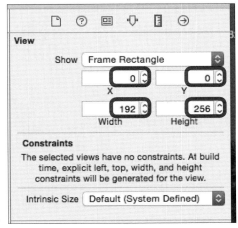

画面 16.31　数値を書き換え

画像の左上端点の座標を、(0, 0) としました。
「Width」と「Height」は、「画像のサイズ」です。

＊

「Scroll View」に対して、「画像」を貼り付けました。

> **注意**
>
> 「Scroll View」の起点は (100, 100) で、「Image View」の起点は (0, 0) です。
> ここが、ポイントです。

■ プログラムの追加

プログラムを、**画面 16.32** に示します。

```swift
import UIKit

class ViewController: UIViewController {

    @IBOutlet weak var myScrollView: UIScrollView!
    override func viewDidLoad() {
        super.viewDidLoad()
        // Do any additional setup after loading the view, typically from a nib.
        myScrollView.contentSize = CGSizeMake(193, 257)
        myScrollView.backgroundColor = UIColor.blackColor()
    }

    override func didReceiveMemoryWarning() {
        super.didReceiveMemoryWarning()
        // Dispose of any resources that can be recreated.
    }
}
```

画面 16.32　プログラム

第16章 スクロール・ビュー Scroll View

「Scroll View」の「contentSize」を、

```
193 = 192 + 1
257 = 256 + 1
```

と設定します。

「Scroll View」の「領域」を明示するために、「Scroll View」の「バックグランド」を「黒色」にしました。

■ プログラム実行

「プロジェクト」を「ビルド」します。
「ビルド」は成功します。

「プログラム」を「実行」します。
　　　　　＊
「初期画面」が開きます。

「画像」に「タッチ」して、「画面上の方向」に「スライド」します。
画面 16.33 に示すように、「Image View」は、「Scroll View」内で「移動」します。

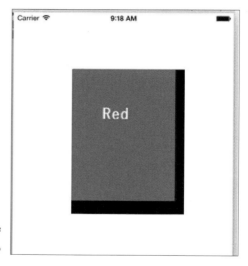

画面 16.33 「Scroll View」内で「上方向」に「移動」する

「画面下の方向」に「スライド」します。
画面 16.34 に示すように、「Image View」は、「下」に「移動」します。

「Image View」は、「Scroll View」の「外」に出ることはありません。
これを、確認しました。

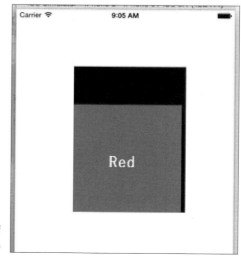

画面 16.34 「Scroll View」内で「下方向」に「移動」する

[16.4] 窓型の「Scroll View」

■ プログラムで画像サイズを設定

「画像のサイズ」を、「数字」として書き込むのではなくて、「プログラム」を用いて取得することもできます。

注 意

「画像」は、通常、「ツール」を使って準備します。「そのサイズが不明」ということは、常識的には、ありません。

「プロジェクト」を作ります。
「プロジェクトの名前」を、「myScrollview3x」とします。

今回は、「Scroll View」および「Image View」の両者に関して、「アウトレット」を作ります。

「プログラム」を、**画面 16.35** に示します。

```
import UIKit

class ViewController: UIViewController {

    @IBOutlet weak var myScrollView: UIScrollView!
    @IBOutlet weak var myImageView: UIImageView!
    override func viewDidLoad() {
        super.viewDidLoad()
        // Do any additional setup after loading the view, typically from a
        nib.
        let width: CGFloat = ((myImageView.image?.size)?.width)!
        let height: CGFloat = ((myImageView.image?.size)?.height)!
        myScrollView.contentSize = CGSizeMake(width + 1, height + 1)
        myScrollView.backgroundColor = UIColor.blackColor()
    }

    override func didReceiveMemoryWarning() {
        super.didReceiveMemoryWarning()
        // Dispose of any resources that can be recreated.
    }
}
```

画面 16.35　プログラム

「プログラム」で「画像のサイズ」を取得して、それに「1」を加えて、「Scroll View」の「contentSize」にします。

■ プログラム実行

「プロジェクト」を「ビルド」します。
「ビルド」は成功します。

「プログラム」を「実行」します。

＊

「初期画面」が開きます。

第16章 スクロール・ビュー Scroll View

「画像」に「タッチ」して「引く」と、画面 16.36 に示すように、「画像」は「動き」ます。

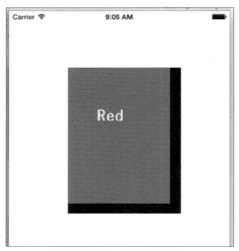

画面 16.36　「画像」が動く

■「Scroll View」のサイズが、「Image View」のサイズより「小さい場合」

「Scroll View」のサイズが、「Image View」のサイズより「小さい場合」について検討します。

新規に、「プロジェクト」を作ります。
「プロジェクトの名前」を、「myScrollview3y」とします。

まず、「myScrollview3x」と同様に、プロジェクトを構成します。

■ プログラム実行

「プロジェクト」を「ビルド」して「実行」します。

「myScrollview3x」と「同じ結果」が得られることを確認します。

＊

「Scroll View」のサイズを変更します。

「スキーム」において「Scroll View」をクリックして、選択します。

「ユーティリティ・エリア」において、「サイズ・インスペクタ」を開きます。

画面 16.37 に示すように、「Scroll View」の「サイズ」を変更します。

[16.4] 窓型の「Scroll View」

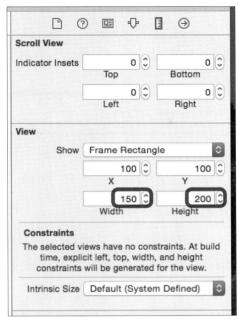

画面16.37 「Scroll View」の「サイズ」を変更

「Image Viewのサイズ」より「小さいサイズ」に変更しました。
ここが、ポイントです。

画面16.38に示すように、「画面サイズ」は「縮小」します。

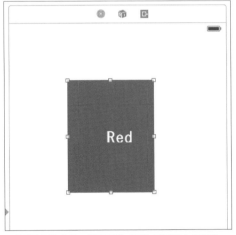

画面16.38 「画面サイズ」が「縮小」する

「画像」の「右側」と「下縁部分」は、画面に入りません。

*

「プログラム」を、**画面16.39**に示すように変更します。

第16章 スクロール・ビュー Scroll View

```
import UIKit

class ViewController: UIViewController {

    @IBOutlet weak var myScrollView: UIScrollView!
    override func viewDidLoad() {
        super.viewDidLoad()
        // Do any additional setup after loading the view, typically from a nib.
        let w = myScrollView.frame.width
        let h = myScrollView.frame.height
        myScrollView.contentSize = CGSizeMake(w + 2, h + 3)
    }

    override func didReceiveMemoryWarning() {
        super.didReceiveMemoryWarning()
        // Dispose of any resources that can be recreated.
    }

}
```

画面 16.39　プログラム

「Scroll View」の「contentSize」を、「Scroll View」のサイズより「大きく」しています。

■ プログラム実行

「プロジェクト」を「ビルド」します。
「ビルド」は成功します。

「プログラム」を「実行」します。

　　　　　　　　　　　　＊

画面 16.40 に示すように、「初期画面」が開きます。

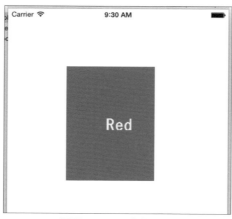

画面 16.40　初期画面

マウスで「画像」を捉えて、「左上」に「引き」ます。
画面 16.41 に示すように、「画像」は「移動」します。

[16.5] 複数画像の表示

「Scroll View」の「バー」を、「右端」と「下縁」に表示しています。

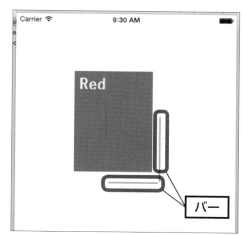

画面 16.41 「画像」を「左上」に引く

マウスで「画像」を捉えて、「右下」に「引き」ます。

画面 16.42 に示すように、「画像」は「移動」します。

「Scroll View」の「バー」を、「右端」と「下縁」に表示しています。

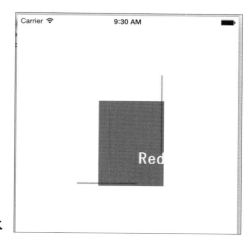

画面 16.42 「画像」を「右下」に引く

16.5 複数画像の表示

「複数の画像」を、並べて表示するプログラムを作ります。

「3枚の画像」を使います。

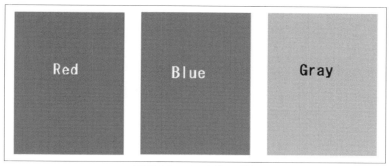

画面 16.43 3枚の画像

193

第16章 スクロール・ビュー Scroll View

「画像のサイズ」は、いずれも、

```
192 × 256
```

です。

■ プロジェクトの作成

プロジェクトを作ります。
「プロジェクトの名前」を、「myScrollView4」とします。

■「Scroll View」の設定

「iPhone の画面」に、「Scroll View」を貼り付けます。
「Scroll View」のサイズは、画面に示すように、「myScrollView3」と「同じ数値」です。

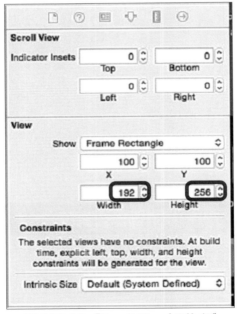

画面 16.44 「Scroll View」のサイズ

■「red.png」の設定

「Scroll View」に、「Image View」と「red.png」を貼り付けます。
「red.png」のサイズは、画面に示すように、「myScrollView3」と「同じ数値」です。

[16.5] 複数画像の表示

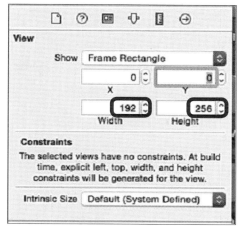

画面 16.45 「Image View」の設定 (red.png)

■「blue.png」の設定

「Scroll View」に、「Image View」と「blue.png」を貼り付けます。
「blue.png」の「View」で、画面に示すように、起点「x = 192」とします。

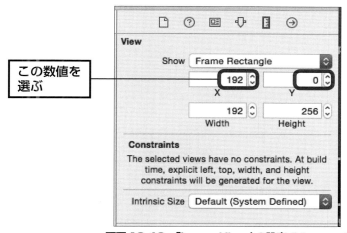

画面 16.46 「Image View」の設定 (blue.png)

「red.png」の「終点」が、すなわち、「blue.png」の「始点」になります。
ここが、このプロジェクトのポイントです。

■「gray.png」の設定

「Scroll View」に、「Image View」と「gray.png」を貼り付けます。
「gray.png」の「View」で、**画面 16.47** に示すように、起点「x = 384」とします。

195

第16章 スクロール・ビュー Scroll View

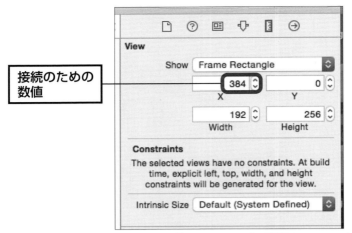

画面 16.47 「Image View」の設定（gray.png）

「blue.png」の「終点」が、すなわち、「gray.png」の「始点」です。
「192 + 192 = 384」という計算をしています。

■「アウトレット」の追加

「Scroll View」の「アウトレット」を作ります。

「プログラム」を、画面 16.48 に示すように書き込みます。

```
import UIKit

class ViewController: UIViewController {

    @IBOutlet weak var myScrollView: UIScrollView!
    override func viewDidLoad() {
        super.viewDidLoad()
        // Do any additional setup after loading the view, typically from a nib.
        myScrollView.contentSize = CGSizeMake(192 * 3 + 1, 256 + 1)
        myScrollView.backgroundColor = UIColor.blackColor()
    }

    override func didReceiveMemoryWarning() {
        super.didReceiveMemoryWarning()
        // Dispose of any resources that can be recreated.
    }
}
```

画面 16.48 プログラム入

■ プログラム解説

「画像のサイズ」の「数値」を、直接、使っています。

「3枚の画像」の「全横幅」は、

```
192 * 3
```

なので、その値に「1」を加算します。

[16.5] 複数画像の表示

「画像」は、「水平方向に移動可」です。

「上下方向に移動」するために、「contentSize」の第2パラメータを、

```
256 + 1
```

とします。

■ プログラム実行

「プロジェクト」を「ビルド」します。
「ビルド」は成功します。

「プログラム」を実行します。

＊

「初期画面」が開きます。

「画面」に「タッチ」して、「上下」「左右」に「引き」ます。
画面に示すように、「iPhoneの画面」は変わります。

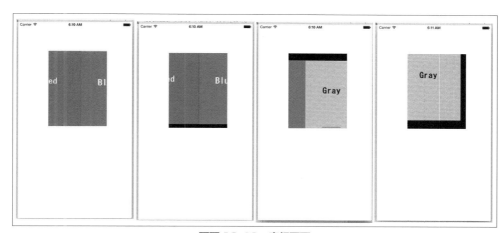

画面 16.49　実行画面

■ 「画像サイズ」を「プログラム」で取得

「画像のサイズ」を、「プログラム」で取得するプロジェクトを作ります。
「プロジェクトの名前」を、「myScrollView4x」とします。

「myScrollView4」と同じ手順によって、プロジェクトを構成します。

第16章 スクロール・ビュー Scroll View

「Image View」の「アウトレット」、

- ・redImageView
- ・blueImageView
- ・grayImageView

を作ります。

「プログラム」を作ります。

```swift
import UIKit

class ViewController: UIViewController {

    @IBOutlet weak var myScrollView: UIScrollView!
    @IBOutlet weak var redImageView: UIImageView!
    @IBOutlet weak var blueImageView: UIImageView!
    @IBOutlet weak var grayImageView: UIImageView!

    override func viewDidLoad() {
        super.viewDidLoad()
        // Do any additional setup after loading the view, typically from a nib.
        let height: CGFloat = ((redImageView.image?.size)?.height)! + 1
        let width: CGFloat = ((redImageView.image?.size)?.width)! + ((blueImageView.image?.
            size)?.width)! + ((grayImageView.image?.size)?.width)! + 1
        myScrollView.contentSize = CGSizeMake(width, height)
        myScrollView.backgroundColor = UIColor.blackColor()
    }

    override func didReceiveMemoryWarning() {
        super.didReceiveMemoryWarning()
        // Dispose of any resources that can be recreated.
    }
}
```

画面 16.50　プログラム

■ プログラム実行

「プロジェクト」を「ビルド」します。
「ビルド」は成功します。

＊

前と「同じ結果」を得ます。

■ 画像のサイズが異なる場合

「異なるサイズの画像」を扱うプログラムを作ります。

4枚の画像、

- ・red.png
- ・purple.png
- ・128x128.png
- ・blue.png

を使います。

198

[16.5] 複数画像の表示

「画像のサイズ」は、それぞれ、

```
192×256
128×256
128×128
192×256
```

です。

「画像の形状」を、**画面 16.51** に示します。

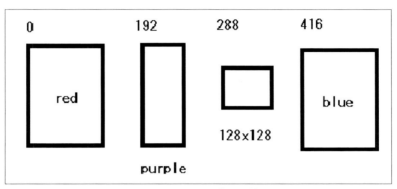

画面 16.51　画像の形状

「red」と「blue」は、「同じサイズ」です。
「purple」の「横幅」は、「red」の半分です。「縦幅」は、「red」と同じです。
「128x128」は、「縦」「横」ともに、「red」より、小さくしています。

　　　　　　　　　　　　　　　＊

新規に、「プロジェクト」を作ります。
「プロジェクトの名前」を、「myScrollView5」とします。

「画像の設定」を書き込みます。

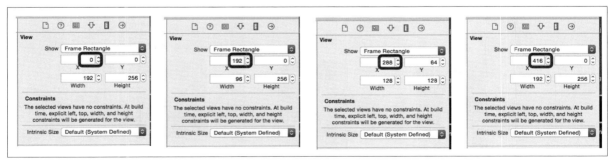

画面 16.52　画像の設定

「プログラム」を作ります。

第16章 スクロール・ビュー Scroll View

```
import UIKit

class ViewController: UIViewController {

    @IBOutlet weak var myScrollView: UIScrollView!
    override func viewDidLoad() {
        super.viewDidLoad()
        // Do any additional setup after loading the view, typically from a nib.
        myScrollView.contentSize = CGSizeMake(192 * 2 + 96 + 128 + 1, 257)
        myScrollView.backgroundColor = UIColor.blackColor()
    }

    override func didReceiveMemoryWarning() {
        super.didReceiveMemoryWarning()
        // Dispose of any resources that can be recreated.
    }
}
```

画面 16.53 プログラム

■ プログラム解説

「プロジェクト」を「ビルド」します。
「ビルド」は成功します。

「プログラム」を「実行」します。

*

画面 16.54、画面 16.55 に示すように、画像を動かすことができます。

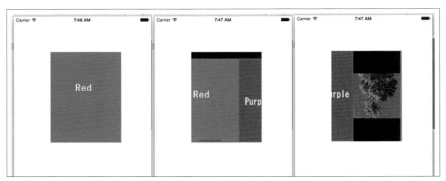

画面 16.54 画像のスクロール ①

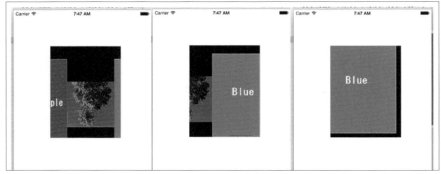

画面 16.55 画像のスクロール ②

200

[16.5] 複数画像の表示

■ 左右にのみ移動可能にする

画像を「左右に動かすことは可能」「上下の移動は不可能」にします。

プログラムを、**画面 16.56** に示すように変更します。

```
import UIKit

class ViewController: UIViewController {

    @IBOutlet weak var myScrollView: UIScrollView!
    override func viewDidLoad() {
        super.viewDidLoad()
        // Do any additional setup after loading the view, typically from a nib.
        myScrollView.contentSize = CGSizeMake(192 * 2 + 96 + 128 + 1, 256)
        myScrollView.backgroundColor = UIColor.blackColor()
    }

    override func didReceiveMemoryWarning() {
        super.didReceiveMemoryWarning()
        // Dispose of any resources that can be recreated.
    }
}
```

画面 16.56　プログラム

「contentSize」の第2パラメータを「画像の縦幅」に一致しました。

■ プログラム実行

「プロジェクト」を「ビルド」します。
「ビルド」は成功します。

「プログラム」を「実行」します。

＊

画面 16.57 に示すように、「左右に横移動」します。けれども、「上下は固定」です。

画面 16.57　「左右に横移動」するが、「上下は固定」

おわりに

「iPhone のアプリケーション」を作りたい人にとって、どこから勉強を始めたらいいかが、とても重要な問題です。

とくに、「iPhone 6」の発売に伴って、開発言語が「Objective-C」から「Swift」に切り替わったので、アプリケーションの開発者すべてにとって、新しい勉強が必修になっています。

開発言語が新しくなったので、まず、「Swift を勉強する」、これは必然です。

しかし、逆に言うと、新刊の書籍すべてが、「Swift の言語解説」に大半のページを割くのであれば、読者にとって、本を買うたびに「Swift の解説」を購入することになり、資源の無駄になります。

そういう意味で、この本では「Swift の解説」を省略して、アプリケーション開発から直接スタートしました。

「コントロール」と「ビュー」の「プログラムの作り方」に関して、第一歩から、解説しました。

これをスタート台にして、続けて、「iPhone アプリケーション開発」に関するテクニックを発刊する予定です。

期待してください。

参考資料

1) 大川 善邦：基礎からの iPhone 4 プログラミング、工学社、2010。

索 引

記号・数字

@IBOutlet	29
0 の値	98
3 パネル構成	12
4 パネル構成	13
5 パネル構成	15

五十音順

≪あ行≫

あ アウトレット ……………………… 28,39
アクション …… 40,53,65,70,76,85,91,95,124
アクティビティ・インディケータ・ビュー
………… 114
アシスタント・エディタ ………………… 15
圧縮転送 ………………………………… 156
アトリビュート ……………………… 31,36
アトリビュート・インスペクタ ………… 36
アニメーション ………………………… 123
い イメージ・ビュー ……………………… 152
色 ……………………………… 32,33,73,78
お オブジェクト・ライブラリ ……………… 24

≪か行≫

か 回転動作 ………………………………… 116
開発システム …………………………… 7
カセット …………………………… 154,170
画像サイズをプログラムで取得 ……… 199
画像サイズをプログラムで設定 ……… 189
画像のサイズ …………………………… 189
画像の転送方法 ………………………… 157
画像を表示 ……………………………… 152
画像をプロジェクトに登録 …………… 154
画面構成 ………………………………… 12
画面サイズの設定 ……………………… 14
き キーボード …………………………… 53,141
け 現在時刻 ………………………………… 100
こ コネクション・インスペクタ ……… 28,30,53
コンポーネント ………………………… 39
コンポーネント数 ……………………… 129

≪さ行≫

さ 最小値 …………………………………… 72
サイズ …………………………………… 137
最大値 …………………………………… 72
サム ……………………………………… 71
し 時刻 ……………………………………… 102
時刻のデータ …………………………… 110
時差 ……………………………………… 107
実行 ……………………………………… 16
初期位置 ………………………………… 72
す スイッチ ………………………………… 62
数値 ……………………………………… 55
数値に関する実験 ……………………… 98
数値に変換 ……………………………… 59
スキーム ………………………………… 13
スクロール・ビュー …………………… 167
スタイル …………………………… 83,115
ステッパ ………………………………… 93
ステップ・ワイズ ……………………… 123
スライダー ……………………………… 68
せ 西暦の年号 ……………………………… 102
セグメンテッド・コントロール ……… 82
セグメント数 …………………………… 87
そ 存在しないファイルへのアクセス ……… 149

≪た行≫

た ターゲット ……………………………… 11
タイマー ………………………………… 116
タッチアップ …………………………… 43
タッチダウン …………………………… 42
単語の配列 ……………………………… 127
て ディレクトリへのパス ………………… 147
データ・ソース ………………………… 133
デート・ピッカー ……………………… 99
テキスト・ビュー ……………………… 136
テキスト・フィールド ………………… 49
テキストの変更 ……… 27,28,45,51,138
デバッグ ………………………………… 18
デバッグ・エリア …………………… 17,85
デバッグ・ナビゲータ ………………… 20
と ドキュメント …………………………… 136
ドキュメント・アウトライン ………… 13
ドキュメントを格納するディレクトリ … 147

205

索　引

≪は行≫

は ハードウェアの選択 ······· 11
バーの長さ ············· 120
背景色 ················· 33,78
倍率 ················· 155,164
倍率の影響 ············· 164
配列 ················· 129
場所 ················· 137

ひ 非圧縮転送 ··········· 158,159
ピッカー・ビュー ······· 127
日付 ················· 102
日付データ ············· 108
ビュー・コントローラ ··· 13,14
表示のフォーマット ····· 100
ビルド ················· 16

ふ ファイル ············· 143
ファイルに書き出す ····· 147
複数の画像 ············· 193
部分指定の転送 ········· 161
ブレイク・ポイント ····· 19
プログレス・ビュー ····· 118
プロジェクト・エディタ ··· 12
プロジェクト・ナビゲータ ··· 12
プロジェクトの作成 ····· 8

へ 編集可能 ············· 142

ほ ボタン ················· 36

≪ま行≫

め メッセージ ··········· 39,53

≪や行≫

ゆ ユーティリティ・エリア ··· 12,28

よ 要素の数 ············· 134
曜日 ················· 102

≪ら行≫

ら ラベル ················· 24

アルファベット順

≪A≫

Activity Indicator View ······· 114
Alignment ················· 33
Aspect Fill ··········· 159,164,165

≪B≫

Aspect Fit ··········· 158,164
Attributed ················· 31

backgroundColor ············· 78
Behavior ················· 33
Bordered ················· 83
Bottom ················· 163
Bottom Left ················· 163
Bottom Right ········· 161,163,166
Button ················· 36

≪C≫

Center ··········· 163,166
CGSizeMake() ············· 175
Color ················· 32
Connection メニュー ········· 40
contentSize
··· 173,176,177,178,183,184,185,188,192,201
Count Down Timer ··········· 103
cout ················· 134
Current ················· 72,95

≪D≫

Date ················· 102
date ················· 110
Date and Time ········· 101,102
Date Picker ················· 99
Did End On Exit ············· 53

≪E≫

Editable ················· 142
Enter キー ················· 53

≪F≫

File ················· 143

≪G≫

Gray ················· 115

≪I≫

Image ················· 155
Image View ········· 152,169,187
Images.xcassets ········· 154,164,170
invalidate() ················· 117

索　引

iPhone 6 ·· 11
iPhone の画面 ·· 15

≪ L ≫

Label ·· 24,45
Large White ·· 115
Left ·· 163

≪ M ≫

Mac mini ·· 7
Main.storyboard ···································· 13
Maximum ·· 72,95
maximumValue ···································· 125
Min Track Tint ····································· 74
Minimum ·· 72,95
Mode ································ 101,157,164

≪ N ≫

New Referencing Outlet ··············· 29,39
nil ·· 60
NSDateFormatter() ······················· 107
NSDate 型 ·· 110
NSSearchPathForDirectoriesInDomeins()
·········· 147
NSTimer ··· 116
numberOfComponentsInPickerView()
·········· 129,133

≪ O ≫

Outlet ··· 28,39

≪ P ≫

Picker View ······································· 127
pickerView() ······················· 129,130,134
Plain ·· 31,83
println() ·· 17
Progress View ···································· 118

≪ R ≫

Redraw ·· 160,164
Right ··· 163
Row ··· 130

≪ S ≫

Scale To Fill ································ 157,164

scheduledTimerWithTimeInterval() ······ 116
Scroll View ·································· 167,186
Segmented Control ···························· 82
setProgress() ····································· 125
setTitle() ··· 42
Slider ··· 68
State ·· 63
Step ··· 95
Stepper ·· 93
stopAnimating() ································· 117
Style ··· 83,115
Swift ·· 10
Switch ·· 62

≪ T ≫

Text ··· 31
Text Field ·· 49
Text View ·· 136
thumb ·· 71
Time ··· 102
toInt() ·· 59
Top ··· 162
Top Left ······································ 162,165
Top Right ·· 162
Touch Down ·· 40
touch Up Inside ···································· 43

≪ U ≫

UIColor ··· 78
UIScrollView ····································· 175
UISegmentedControl ···························· 86
UIView ·· 39
UIViewController ································· 39

≪ V ≫

value ·· 125
Value Changed ········ 65,70,76,85,91,95,124
ViewController.swift ···························· 15

≪ W ≫

White ·· 115
writeToFile() ······································· 147

≪ X ≫

Xcode ··· 7

207

[著者略歴]

大川 善邦 （おおかわ・よしくに）

1934 年　東京に生まれる
1959 年　東京大学工学部卒業
1964 年　東京大学大学院博士課程修了　工学博士
1970 年　岐阜大学教授
1985 年　大阪大学教授
1998 年　日本大学教授
現　　在　大阪大学名誉教授
日本大学工学部非常勤講師

[主な著書]

「mbed」+「Maple ボード」プログラミング	MATLAB で解く物理学 [力学編]
mbed+Android データ通信プログラミング	はじめての「XNA Game Studio」
Android によるロボット制御	Microsoft Robotics Developer Studio 入門
iPhone によるロボット制御	3D グラフィックスのための数学
ソケット通信プログラミング	はじめての Windows Embedded CE 6
基礎からの iPhone4 プログラミング	はじめての Windows CE
物理エンジン Bullet プログラミング	3D ゲームプログラマーのための数学 [基礎編]
DirectX11 3D プログラミング	Excel 実験データ処理
物理エンジン PhysX&DirectX10	DirectX9 3D ゲームプログラミング Vol.2
物理エンジン PhysX&DirectX9	DirectX9 3D ゲームプログラミング Vol.1
物理エンジン PhysX アプリケーション	Visual Basic.NET 読本
物理エンジン PhysX プログラミング	DirectX9 実践プログラミング [WindowsVista 対応版]

（以上、工学社）

質問に関して

本書の内容に関するご質問は、

① 返信用の切手を同封した手紙
② 往復はがき
③ FAX(03)5269-6031
　（ ご自宅の FAX 番号を明記してください ）
④ E-mail　editors@kohgakusha.co.jp

のいずれかで、工学社編集部あてにお願いします。
なお、電話によるお問い合わせはご遠慮ください。

I・O BOOKS

Swift による iPhone プログラミング入門

平成 27 年 3 月 20 日　初版発行　©2015

著　者	大川　善邦
編　集	I/O 編集部
発行人	星　正明
発行所	株式会社 工学社

〒 160-0004 東京都新宿区四谷 4-28-20　2F

電話	(03)5269-2041(代) [営業]
	(03)5269-6041(代) [編集]
振替口座	00150-6-22510

※定価はカバーに表示してあります。

[印刷] 図書印刷 （株）

ISBN978-4-7775-1886-9